BIBLIOTHÈQUE

DES ÉCOLES ET DES FAMILLES

LES

INFINIMENT PETITS

PAR

FÉLIX HÉMENT

DEUXIÈME ÉDITION

PARIS

LIBRAIRIE HACHETTE ET Cⁱᵉ

79, BOULEVARD SAINT-GERMAIN, 79

1887

LES
INFINIMENT PETITS

BOURLOTON. — Imprimeries réunies, B, rue Mignon, 2.

LES LIMITES DE NOS SENS

LES LIMITES DE NOS SENS

Pendant de longs siècles, l'homme a observé la nature à l'aide de ses sens. Il a connu du monde ce que lui en révélaient sa vue, son ouïe, son toucher. Sa curiosité a dû se borner à ce qu'il pouvait voir de ses yeux, entendre de ses oreilles, toucher de ses mains. Pour connaître la nature comme pour l'asservir à ses fins, son intelligence n'a point eu à l'origine d'autres instruments que ses seuls organes. Et pourtant, même aujourd'hui, l'homme ne connaît pas encore de la nature tout ce que ses sens peuvent lui en révéler! C'est que le champ d'observation est vaste, et notre curiosité se lasse avant que le monde ait cessé de fournir matière à nos recherches. Notre activité et notre ardeur s'épuisent vite, et nous n'avons fait que mouiller nos lèvres aux bords de la coupe immense offerte à notre soif de savoir; nous sommes déjà rassasiés, et il semble qu'on n'ait pas touché au festin. Nous nous lassons d'observer; la nature ne se lasse pas de fournir.

En jetant les yeux au ciel, l'homme ne pouvait en sonder les profondeurs, et les milliers d'astres qui brillaient au-dessus de sa tête lui apparaissaient comme des points brillants fixés à une voûte solide; il n'a point vu les cieux emportés

dans leur course rapide. Des entrailles du sol l'éruption volcanique a surgi à ses yeux : l'épais nuage, sillonné d'éclairs,
couronnait la gerbe gigantesque de matières incandescentes,
de cendres lumineuses et de gaz enflammés, puis la
lave en fusion coulait comme un ruisseau de feu sur les
pentes, mais il ne voyait rien au delà du spectacle émouvant
et terrible, et la terre lui restait fermée comme le ciel. Les
origines de notre globe n'étaient pas soupçonnées, ni les
phases diverses par lesquelles il a passé, ni les évolutions de
la vie à la surface.

De cette connaissance incomplète et imparfaite du monde, il
est résulté du monde une conception proportionnée. L'homme
a imaginé un modeste univers à dimensions réduites qui con-
venait aux bornes étroites de son esprit. La grandeur des corps
célestes, les distances qui les séparent se sont trouvées considérablement diminuées. La lune avait l'étendue du Pélopo-
nèse ; le Soleil semblait se lever et se coucher aux confins de
notre horizon. La Terre régnait en souveraine au centre de
l'Univers.

Plus tard, lorsque des clartés soudaines ont illuminé son
esprit, l'homme s'est fait du monde une idée moins éloignée
de la vérité ; il a voulu alors percer l'obscurité qui l'envelop-
pait et il s'est senti impuissant : ses sens ont fait défaut à son
intelligence ; ses moyens d'investigation à faible portée ne se
sont plus trouvés en harmonie avec les hardiesses de son
esprit, et sa pensée, n'ayant pas dans l'observation et l'expérience un aliment, s'est repliée sur elle-même et a enfanté
des systèmes sans fondements sérieux.

※

La limite de la portée de nos sens est visible.

Nous ne voyons pas les objets trop grands ou trop petits. Nous ne saurions embrasser d'un coup d'œil un arbre d'une grande hauteur ni un édifice très vaste ; il nous faut promener notre regard sur les diverses parties, de haut en bas, de droite à gauche. — Si du haut d'une colline nous jetons les yeux autour de nous, nous ne voyons qu'une portion très limitée de la surface de la Terre, et encore n'en pouvons-nous voir les diverses parties que successivement. — D'un autre côté, un très petit objet échappe à notre vue, et si nous l'approchons de nos yeux, la vue n'en devient pas plus distincte.

Trop de lumière éblouit : ainsi nous ne saurions fixer le Soleil, la lumière électrique ; par contre, une lumière trop faible ne nous permet pas de distinguer les objets. Il n'est pas impossible toutefois de parvenir, après un séjour prolongé dans un lieu obscur, à augmenter la sensibilité de l'œil et à acquérir la propriété dont jouissent certains animaux, le chat par exemple, de voir au milieu de l'obscurité. Il est vrai que nos yeux deviennent alors plus délicats, et que nous ne pouvons plus supporter la lumière du grand jour : nous perdons d'un côté ce que nous gagnons de l'autre.

Nous ne voyons distinctement ni ce qui est trop près ni ce qui est trop loin de nous. Un tout petit objet placé fort près de l'œil ne saurait être perçu ; son image ne se peint pas nettement sur la rétine. D'un arbre qui est proche nous distinguons les feuilles ; d'un arbre situé à une certaine distance nous n'apercevons que les masses répondant aux diverses branches ; de la forêt qui limite notre horizon, les arbres se confondent en une masse générale nébuleuse et confuse. En deçà comme au delà d'une certaine distance notre vue s'obscurcit.

\>\<

L'oreille ne perçoit pas tous les sons : on sait que tout son
est produit par les vibrations d'un corps; or les physiciens
ont démontré qu'au-dessous de seize vibrations les sons nous
échappent parce qu'ils sont trop graves, et qu'au-dessus de
cinquante mille vibrations ils nous échappent parce qu'ils
sont trop aigus. Ces extrêmes renferment tous les sons acces-
sibles à l'oreille humaine. Quelques sons graves nous sont
inconnus et un nombre plus grand de sons aigus.

\>\<

Nous ne sentons, dit Pascal, ni l'extrême chaud ni l'extrême
froid. Les qualités excessives nous sont ennemies, et non pas
sensibles; nous ne les sentons plus, nous les souffrons. Le
contact d'un corps très froid cause la sensation d'un corps brû-
lant ; dans l'un comme dans l'autre cas, la chair est désor-
ganisée.

\>\<

L'odorat, le goût ne sont au fond que des variétés du toucher et sont également renfermés entre certaines limites de
perception. Un parfum, une saveur trop douce nous laissent
insensibles; une odeur trop pénétrante, une saveur trop forte
nous causent des malaises et non des sensations.

\>\<

Ainsi, partout nous rencontrons la limite dans l'exercice de
nos sens. Mais notre esprit même n'est pas moins borné
dans ses manifestations que les instruments dont il se sert;

il se heurte contre des obstacles qui arrêtent son essor; il est condamné à se mouvoir dans un cercle infranchissable ; sa liberté n'est qu'une liberté contenue. Au delà d'un certain nombre composé de vingt, de trente chiffres par exemple, nous n'apprécions plus les différences entre les nombres, comme à partir d'une certaine distance nous ne distinguons plus d'intervalle entre les objets inégalement éloignés. Voici deux arbres peu éloignés de nous: nous jugeons aisément qu'un espace plus ou moins grand les sépare; mais à la distance où se trouvent les étoiles, les intervalles qui les séparent ne tombent plus sous nos sens.

✠

Nous pouvons comparer entre elles les vitesses de divers véhicules, tels qu'une voiture traînée par un cheval, un convoi de marchandises et un train express; mais comment nous faire à l'idée de la vitesse des corps célestes! Même ce qu'il mesure, l'esprit ne le saisit pas. Il évalue la vitesse des planètes, et ne peut se les représenter tourbillonnant dans l'espace; elles passent devant nos yeux dans un temps cent fois plus court que la durée d'un éclair.

Il mesure la vitesse de la lumière, celle de l'électricité, plus grandes encore que celle des planètes, et, à la pensée de ce mouvement prodigieux, il s'étonne, se trouble, et demeure interdit. Il ne saisit pas cette vitesse, elle lui échappe, et tant de vitesses si diverses lui semblent également rapides à force de rapidité.

LES AUXILIAIRES DE LA VUE

Le microscope. — Le télescope. — Les infiniment petits.
Les infiniment grands.

L'homme est parvenu à augmenter la puissance et la finesse
de sa vue, à la rendre plus étendue et plus pénétrante, en lui
donnant des auxiliaires. A l'aide du microscope, il a pénétré
dans le monde des infiniment petits; au moyen du télescope,
il a pu explorer le monde des infiniment grands. Ainsi, dans
ce même univers déjà offert à son étude, il a su étendre le
champ de ses recherches et de ses observations grâce à ces
merveilleux instruments. Son esprit est venu au secours de
ses yeux impuissants.

Bornons-nous à parler du microscope et du monde jusqu'alors invisible qu'il nous a révélé. Nous pouvons maintenant voir des objets ou des corps mille fois plus petits que
ceux qu'on voit à *l'œil nu;* nous pouvons pénétrer plus avant
dans l'examen des parties les plus ténues des corps; chacune
des parties du monde ancien a pris les proportions d'un monde
nouveau : la touffe d'herbe est devenue une forêt; la goutte
d'eau, un lac; le grain de sable, un vaste territoire.

Au lieu d'imiter les grands voyageurs qui vont au loin
à la découverte des terres inconnues, au prix de vives souffrances et en courant les plus grands dangers, nous pouvons
chercher l'inconnu dans les parties infiniment petites de ce
qui nous est connu. Dans ce nouveau genre de voyage, nos

yeux et notre esprit sont seuls en activité. Notre corps immobile ne court pas de dangers et ne se fatigue que de son
repos.

Dans sa plus simple expression le microscope se réduit à
un disque de verre légèrement bombé et connu sous le nom
de *lentille*, parce que sa
forme rappelle assez celle
des grains ainsi nommés.
Tout corps placé, à une certaine distance, en face de la
lentille, donne lieu à une
image située de l'autre côté,
et qu'on peut recevoir sur un
écran.

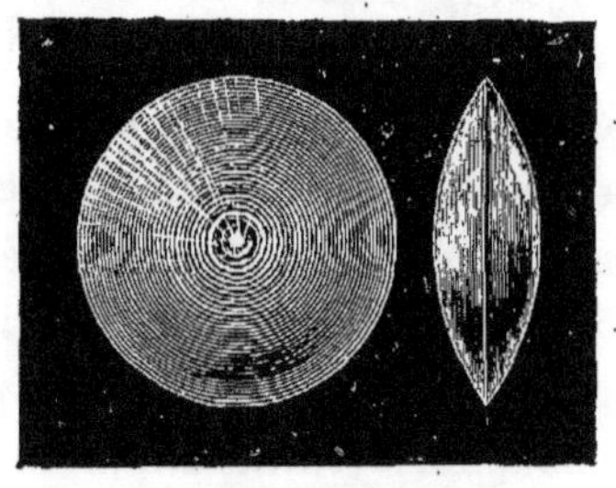

LENTILLE VUE DE FACE
ET DE PROFIL.

C'est un verre de cette na-
ture qui est la pièce essentielle de la chambre obscure du pho-
tographe. La personne étant placée en face de l'appareil, son

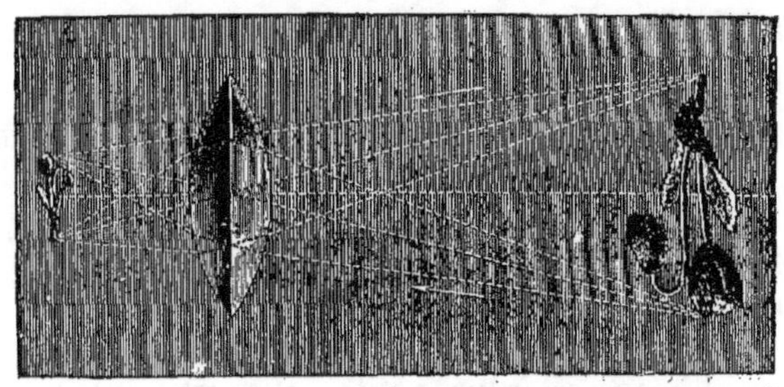

UN OBJET ET SON IMAGE FORMÉE PAR LA LENTILLE.

image se peint sur un verre dépoli qui occupe la face opposée
de la boîte. Si la personne s'éloigne de l'appareil, on voit
l'image diminuer. Si au contraire elle s'en rapproche, l'image

grandit et peut devenir, à une distance déterminée, aussi grande que la personne même.

Imaginons maintenant que la personne occupe le lieu où se peignait auparavant son image, à son tour l'image prendra la place de la personne et se trouvera considérablement agrandie : les rapports de grandeur sont les mêmes que précédemment, mais les termes du rapport sont dans l'ordre inverse. Si tout à l'heure l'image était dix ou cent fois plus petite que l'objet, maintenant elle est dix ou cent fois plus grande.

Cette expérience inverse est facile à exécuter à l'aide d'une bougie allumée. La bougie, placée à une assez grande distance de la lentille, donne lieu à une petite image, d'autant plus petite que la bougie est plus éloignée. On reçoit cette image sur un écran. En approchant la bougie de la lentille, on voit l'image grandir, et grandir de plus en plus à mesure que la distance de la bougie à la lentille diminue. A un moment donné, ou plutôt à une distance déterminée, la bougie et son image ont les mêmes dimensions.

A partir de ce point, si l'on continue à rapprocher la bougie de la lentille, les rôles changent : l'image est plus grande que l'objet, et le devient de plus en plus à mesure que la distance diminue ; c'est comme si la bougie occupait la place où se trouvait précédemment son image, et réciproquement.

A une distance déterminée l'image disparaît complètement ; elle ne se forme plus.

⁜

Lorsque l'image est plus petite, elle est plus lumineuse que l'objet qui lui donne naissance ; si, au contraire, elle est plus grande, elle est en même temps plus pâle. La somme de lumière ne varie pas, elle est donc tout naturellement plus ou moins vive, selon qu'elle se répand sur un espace plus ou moins grand.

Nous n'avons que faire d'images plus petites que les objets, puisqu'il s'agit d'examiner de très petits corps ; nous voulons en voir au contraire l'image amplifiée. Or, si cette image est d'autant plus pâle qu'elle est plus grande, nous perdrons en netteté ce que nous gagnerons en grandeur. L'image deviendra de moins en moins visible à mesure qu'elle sera de plus en plus grande. Il importe donc, pour conserver les avantages du microscope, de proportionner l'intensité de la lumière de l'objet aux dimensions qu'on veut obtenir dans l'image, c'està-dire qu'il faut éclairer d'autant plus vivement l'objet qu'on voudra obtenir une image plus grande. Se sert-on, pour éclairer l'objet, d'une lampe ordinaire munie d'un réflecteur, il ne faut pas songer à obtenir une très grande image ; cela suffit

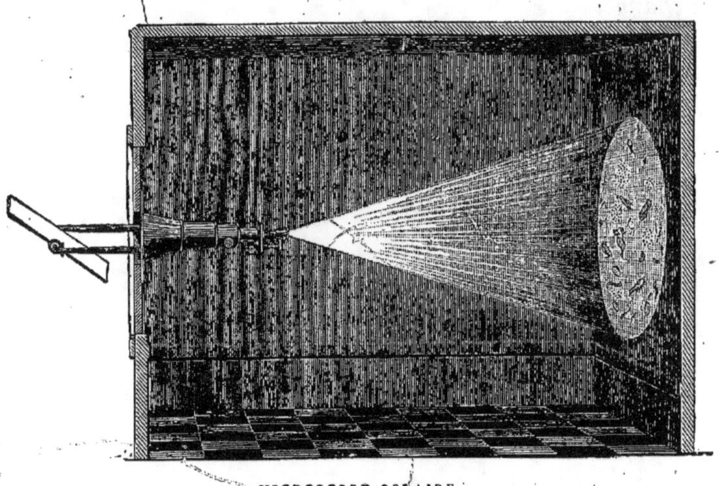

toutefois pour la lanterne magique. Fait-on usage de la lumière Drummond ou de la lumière solaire, l'image pourra être beaucoup plus grande sans perdre de sa netteté. La plus grande image qu'on puisse réaliser s'obtient lorsqu'on éclaire l'objet avec la lumière électrique, qui est la source lumineuse la plus vive.

La même lentille fournit donc une série d'images de toutes les grandeurs, mais, naturellement, elle ne saurait disposer que de la lumière qu'elle reçoit. Elle n'en augmente pas l'intensité, elle la diminue au contraire, car il y a toujours de la lumière perdue dans le passage à travers le verre. Le verre transforme, il ne crée pas. On trouve la même somme de lumière des deux côtés de la lentille, sur l'objet et sur l'image, sauf les pertes dont nous avons parlé. On a de la *monnaie* de lumière sur l'image, si l'on peut parler ainsi, mais on n'a que la monnaie de la *pièce* qui éclaire l'objet, avec la perte pour le *change*.

Une lentille unique constitue donc un microscope; c'est le *microscope simple* ou la *loupe*.

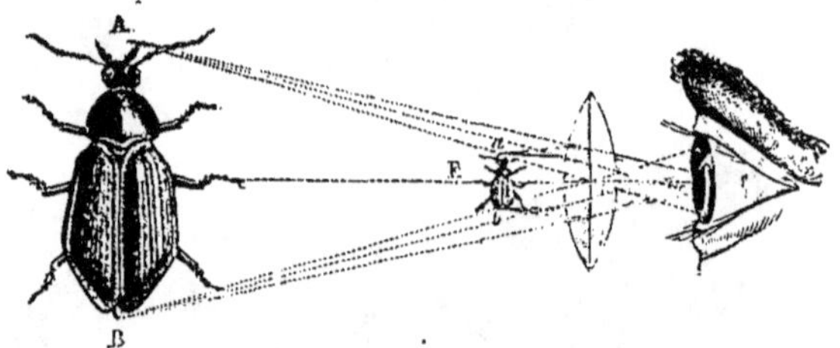

LENTILLE FAISANT FONCTION DE LOUPE

L'objet *ab* est vu grandi en AB.

Pour examiner les détails du mécanisme d'une montre, les horlogers se servent d'une loupe; pour observer les parties peu apparentes d'une fleur, les botanistes utilisent également la loupe; dans ces circonstances, un faible grossissement suffit. Or, dans ce cas, l'observateur place son œil près de la loupe, et il regarde l'objet de fort près ; il ne s'agit dont plus de l'image *réelle*, saisissable, projetée sur un écran.

La combinaison de deux lentilles va nous servir à obtenir un plus fort gros-sissement. La première est destinée à fournir une image agrandie, de la nature de celles qu'on projette sur un écran ; la seconde sert de loupe pour regarder cette image déjà agrandie. Si la première image est dix fois plus grande que l'objet, et si la loupe la grossit dans la même proportion, la se-conde image sera cent fois plus grande que l'objet.

Ces deux lentilles sont chacune à une extrémité d'un même tuyau, de sorte qu'aucune lumière étran-gère ne peut se mêler à celle qui est émise par l'objet. Le verre tourné du côté de l'objet se nomme *objectif;* l'autre, à l'aide duquel on regarde, est l'*oculaire*.

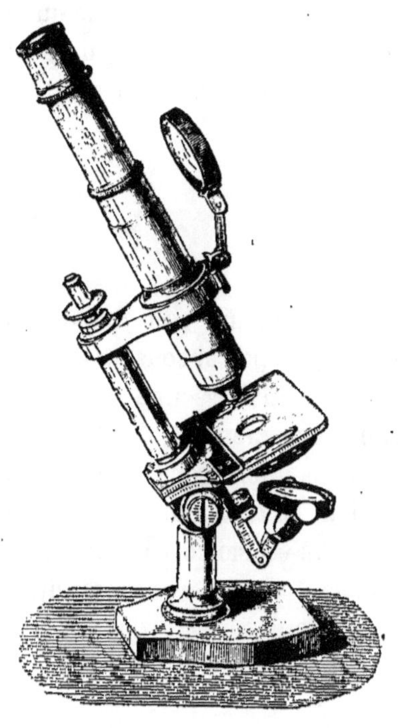

MICROSCOPE.

Le premier microscope, — celui à l'aide duquel on projette l'image sur un écran, — est destiné à montrer les objets à une nombreuse assemblée. On le désigne sous le nom de microscope solaire ou de microscope photo-électrique, selon la source lu-mineuse dont on fait usage. L'autre microscope, composé de

deux lentilles, à l'aide duquel une seule personne regarde
directement comme on fait avec une loupe, est disposé pour
l'étude. C'est le microscope du savant. Quel que soit d'ailleurs
celui dont on fait usage, on peut voir les objets que nous allons montrer, et sur lesquels nous donnerons des notions
élémentaires.

❯❮

Il ne faut pas voir dans le long défilé d'objets que nous
allons faire passer sous les yeux du lecteur, une exposition destinée à satisfaire une curiosité puérile; non, c'est un véritable enseignement, dont le microscope est l'auxiliaire précieux. Le microscope rend à la leçon le service que les figures
rendent au texte dans un livre. Il éclaire et il complète. L'in-
struction est saisie à la fois par deux sens, par les deux plus
fidèles et plus dévoués serviteurs de l'intelligence, par la
vue et l'ouïe.

Nous allons successivement passer en revue les animaux, les plantes et les minéraux, pour examiner tout ce qu'il y a en eux d'assez petit pour être invisible à l'œil nu, car les mots *infiniment petits* ne sauraient être entendus autrement.

Or, pour procéder avec un certain ordre, nous nous occuperons d'abord des infiniment petits qui entrent dans la composition des tissus des animaux et des végétaux ou qui font partie des minéraux. Ainsi, dans le sang et le lait, dans les nerfs, les muscles et les os, on trouve des éléments ou des parties que le microscope seul peut nous faire découvrir; il en est de même dans le bois, les feuilles et les pierres. Les globules du sang et du lait, les fibres des nerfs et des muscles, les cellules des os, les vaisseaux des plantes, sont autant d'infiniment petits dont l'étude va nous occuper. Puis nous passerons aux êtres microscopiques, tels que les infusoires, les coraux, les algues, etc. En un mot, nous nous occuperons d'abord des invisibles contenus dans les visibles, et après, des invisibles indépendants.

Depuis l'invention du microscope, la science s'est enrichie de branches nouvelles. Tout ce qui traite de la composition élémentaire des tissus et des organes est d'origine récente.

On ne connaît la *cellule* animale ou végétale et ses transformations que depuis peu. De sorte qu'avant ces découvertes les
organes des animaux et des plantes, la chair, le sang, étaient
pour le savant des masses dont il ne voyait pas les détails. On
distinguait l'édifice et non les matériaux de construction. Or

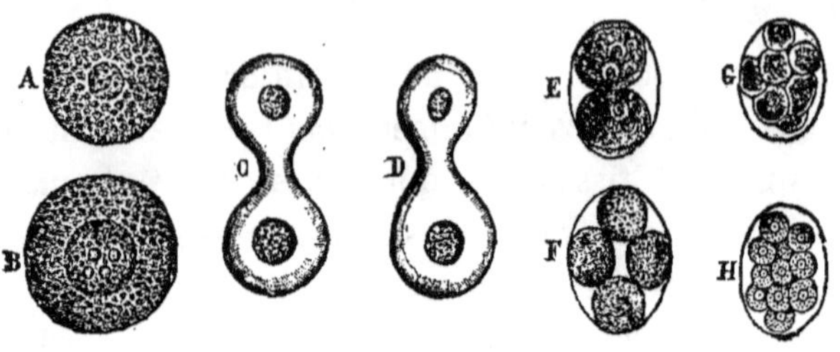

DÉVELOPPEMENT DES CELLULES; LEUR MULTIPLICATION PAR DES
DÉDOUBLEMENTS SUCCESSIFS.

il est facile de comprendre combien la connaissance des matériaux importe si l'on veut se rendre compte des conditions
auxquelles l'édifice satisfait.

Cela est bien plus vrai encore de la connaissance des éléments des tissus dont se composent les organes, par rapport
aux propriétés des tissus; le microscope ne permet pas seulement de voir les fibres d'un muscle, il nous montre aussi comment elles sont disposées.

Une autre branche de la science non moins importante que
celle qui précède, et que nous devons également au microscope, c'est celle qui traite des ferments, des corpuscules
animés, des infusoires, etc. Cette étude n'est pas désintéressée
pour nous, car ces petits êtres apparaissent avec certaines
maladies dont ils sont le plus souvent la cause.

Il n'est pas jusqu'à la fraude que le microscope ne métte en
lumière, en nous montrant des différences facilement saisis-
sables entre une substance pure et cette même substance
falsifiée.

Enfin, le microscope a fourni dans certains cas de précieux renseignements à la justice en permettant de reconnaître sur les vêtements d'un meurtrier des taches provenant du sang de sa victime. Il a également permis de retrouver dans les tissus fabriqués par l'homme de *l'âge de pierre* des plantes microscopiques qui attestent l'ancienneté de ces tissus.

Les globules sanguins : forme, couleur, dimensions, rôle.

Le sang doit sa couleur rouge à une multitude de corpuscules rouges nommés improprement *globules*, car ils ne sont pas sphériques, et qui se trouvent en suspension dans un liquide incolore (*plasma, lymphe, chyle*). Ces petits corps ont en général la forme de disques circulaires semblables aux

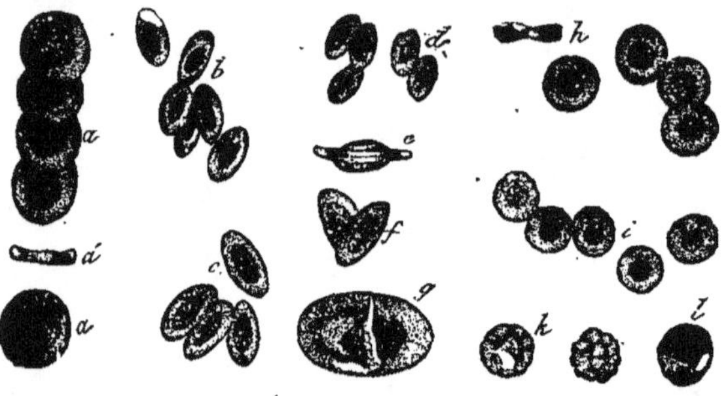

GLOBULES SANGUINS GROSSIS DE L'HOMME ET DES ANIMAUX.

a, a, globules sanguins de l'homme vus de face, *a'* un globule vu de côté. — *b,* ceux du chameau. — *c, d,* ceux des oiseaux. — *e,* un globule de la grenouille vu par la tranche. — *f,* ceux du protée. — *g,* un globule de la salamandre (la membrane extérieure est déchirée). — *h,* ceux de la lamproie. — *i,* ceux du homard. — *k,* ceux de la limace. — *l,* globules blancs du sang de l'homme.

pièces de monnaie, avec cette différence toutefois qu'ils sont plus minces au milieu que sur les bords, c'est-à-dire un peu creux. Chez un certain nombre d'animaux, le chameau, les oiseaux par exemple, ces globules sont elliptiques.

Leurs dimensions, toujours très petites, varient avec les animaux. Chez l'homme, leur diamètre est d'environ $\frac{1}{130}$ de millimètre ou $0^{mm},007$, leur épaisseur est le cinquième du diamètre environ; ceux du cheval, du mouton et du bœuf sont plus petits; ceux de la chèvre, encore plus petits; ceux des oiseaux, plus petits encore; au contraire ceux des grenouilles et des poissons sont parmi les plus grands.

Un calcul élémentaire montre que le volume d'une tête

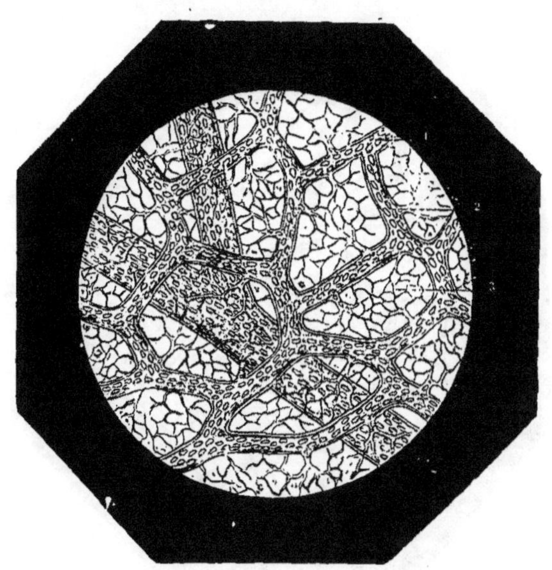

RÉSEAU DE VAISSEAUX DANS LESQUELS ON VOIT LE SANG ET LES GLOBULES PENDANT LA CIRCULATION.

d'épingle ordinaire peut renfermer un million environ de globules sanguins humains.

Bien que les globules sanguins soient en suspension dans le liquide incolore du sang, ils sont distincts par leur composition du liquide dans lequel ils sont plongés. Ils ne contiennent pas les mêmes corps simples, et vivent d'une vie particulière, propre et indépendante, comme les poissons dans l'eau, sans se laisser pénétrer par le liquide environnant. Parmi les corps qui entrent plus particulièrement dans la composition des globules, il faut citer le fer et l'acide phosphorique engagé dans des phosphates. On s'explique ainsi le fréquent usage de ces corps comme médicaments.

L'importance des globules n'est pas moindre que celle de la respiration : l'activité de la respiration dépend en effet du

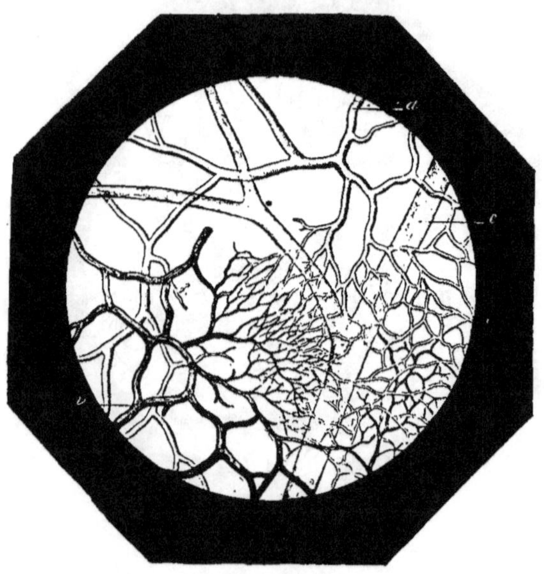

LES DERNIÈRES RAMIFICATIONS DES VEINES ET DES ARTÈRES OU RÉSEAU
CAPILLAIRE, CONSIDÉRABLEMENT AGRANDIES.

nombre plus ou moins considérable de ces corpuscules. C'est aux globules qu'il faut attribuer les combinaisons qui s'opèrent dans l'acte de la respiration et qui entretiennent la chaleur et la vie. Ils circulent avec le sang et viennent dans les poumons, où ils s'emparent de l'oxygène de l'air, qu'ils emportent pour le répartir dans tous les points du corps. Le fleuve sanguin porte ainsi sous forme de globules des milliards d'embarcations chargées d'oxygène qui desservent tous les éléments microscopiques de nos tissus.

Le sang est d'autant plus coloré que les globules sont plus nombreux; il l'est d'autant moins que les globules sont moins abondants. De là aussi les différences de la coloration du teint. La peau est, en effet, comme une sorte de voile transparent, à travers lequel se laisse distinguer la couleur du sang. Si le voile est mince et transparent, si le sang est riche en globules, si les globules sont d'une couleur vive, la coloration de la peau s'accuse. En général le teint est pâle, incolore, si les globules sont peu abondants. Lorsqu'une personne rougit, que son visage s'enflamme sous l'influence d'une vive émotion, c'est le sang qui y vient affluer. Lorsque, au contraire, sous le coup d'un malaise, notre sang afflue au cœur, c'est qu'il a abandonné notre visage, qui pâlit aussitôt.

C'est l'hématoglobuline, comme disent les savants, qui est la substance même, la matière première, pour ainsi dire, des globules. Elle contient du fer, et a pour l'oxygène une affinité très vive; de là l'action des globules dans le phénomène de la respiration. Une véritable combinaison chimique s'opère entre cette substance et l'oxygène de l'air, mais cet oxygène si avidement recherché n'est que faiblement retenu, et va servir à de nouvelles combinaisons. Ainsi s'explique la mobilité si nécessaire des phénomènes chimiques de la vie.

Favoriser la multiplication des globules, c'est accroître la puissance de la vie; chez les anémiques, les globules sont trop peu nombreux, et non seulement ils sont trop peu nombreux, mais ils sont de qualité inférieure, si nous osons parler ainsi. Les ferrugineux constituent le médicament ordinaire des anémiques, et il est possible de suivre les progrès du traitement, de voir si le nombre des globules augmente. Dans ces derniers

temps, d'ingénieux appareils ont été inventés dans ce but.
(Hayem, Cramer, Malassez.)

Il ne s'agit pas, bien entendu, de quelques globules de plus
ou de moins ; c'est par centaines de mille qu'il faut compter
les accroissements produits dans un millimètre cube.

Lorsqu'un animal est asphyxié par ce qu'on nomme improprement la vapeur de charbon et ce que les chimistes appellent
l'*oxyde de carbone*, les globules sont paralysés, ils ne fonc-

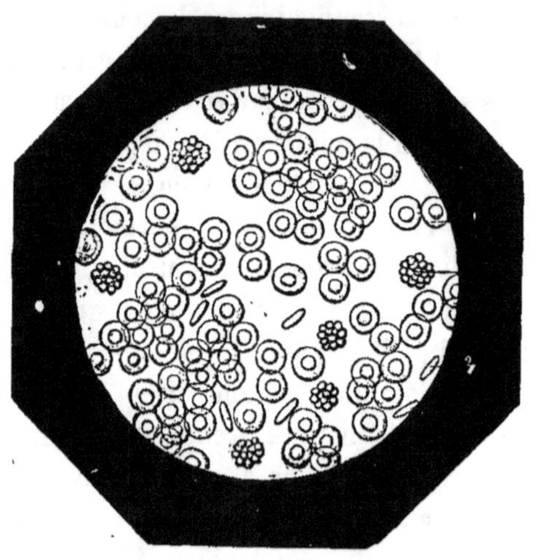

GLOBULES ROUGES ET GLOBULES BLANCS DU SANG DE L'HOMME, GROSSIS
600 FOIS.
1, globule vu de face. — 2, globule vu de profil. — 3, globule blanc.

tionnent plus, ils sont inertes, ils ne transportent plus d'oxygène, il n'y a plus d'échanges gazeux entre l'air et le sang.
Aucun point du corps n'est alimenté d'oxygène, et la mort
s'ensuit, d'autant plus rapidement que l'animal est plus parfait.

Les globules sanguins naissent, vivent et meurent comme
des animaux ; ce qui ajoute encore à leur ressemblance avec
les êtres vivants, c'est qu'ils peuvent mourir accidentellement
empoisonnés par l'oxyde de carbone, qui est pour eux un poison particulier.

Ils naissent, vivent et meurent par l'exercice même de leurs fonctions. C'est dans notre alimentation que nous puisons les éléments nécessaires à la formation du sang. Ainsi, un animal herbivore qui ne prend jamais en nature l'hématoglobuline, doit nécessairement former celle que renferme son sang. De la sorte, le sang est une véritable sécrétion, et les globules eux-mêmes comptent parmi les produits de cette sécrétion. Ainsi Claude Bernard a constaté que lorsqu'on saigne les animaux, l'hématoglobuline se forme en plus grande quantité.

Les globules blancs.

Outre les globules rouges, le sang contient des globules blancs, mais en nombre bien moindre. Les premiers ne se trouvent que chez les animaux pourvus d'un squelette ou vertébrés ; les autres se rencontrent dans le sang de tous les animaux. Les premiers se trouvent seulement dans le sang, les autres sont répandus dans tous les liquides de notre corps. Ces deux sortes de corpuscules ne se ressemblent pas et ne sauraient être comparés ; ils n'ont de com-

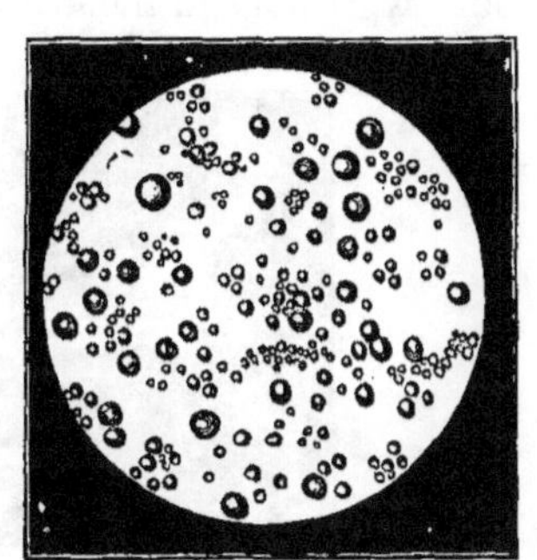

UNE GOUTTE DE LAIT.

mun que leur petitesse, et diffèrent absolument de nature. Les rouges, appelés plus particulièrement sanguins, sont doués de propriétés vitales ; les blancs sont des êtres vivants, fort curieux, qui ont des mouvements propres et une forme qui peut varier.

Les globules du lait.

Lorsqu'on laisse du lait en repos pendant un certain temps dans un vase, il se forme à la surface une couche de crème. En examinant cette crème au microscope, on voit qu'elle est formée de globules incolores analogues aux globules sanguins. Ils surnagent parce qu'ils sont un peu plus légers que le liquide qui les tient en suspension. On peut d'ailleurs les séparer du liquide sans attendre qu'ils s'en dégagent eux-mêmes en venant surnager, il suffit de *battre* le lait : les globules réunis sont ainsi agglomérés et forment une masse fluide qui, comprimée, constitue le beurre.

Les nerfs. — Couleur, consistance. — Fibres et cellules constituantes.
Dimensions. — Fonctions des nerfs.

On entend quelquefois dire d'un homme qu'il est nerveux, pour exprimer qu'il est fort, vigoureux, puissant; c'est dans

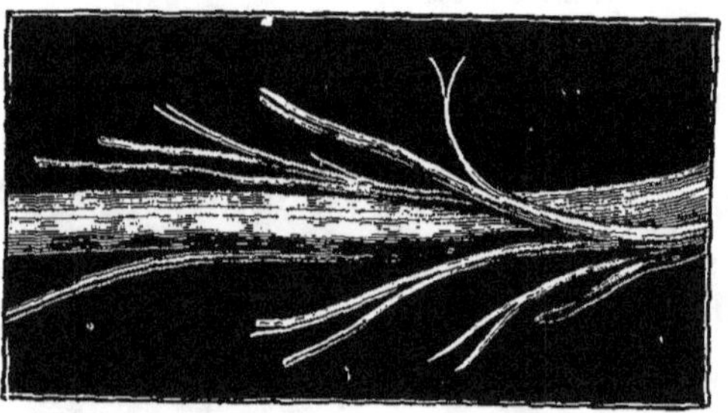

FRAGMENT DE NERF DE GRANDEUR NATURELLE.

le même sens, mais au figuré, qu'on le dit du style. Souvent encore on désigne sous le nom de nerfs les tendons blanchâtres, fermes, flexibles et résistants qui forment les extrémités des muscles et par lesquels ces derniers s'insèrent dans les os. Toutes ces expressions sont de nature à entraîner des erreurs et à donner des nerfs une idée tout autre que la vraie. Les nerfs sont d'une consistance molle, peu résistante, peu élastique; d'une couleur blanchâtre ou grisâtre; ils ressemblent aux cervelles d'animaux que chacun a eu oc-

casion de voir. La cervelle n'est en effet qu'une masse
nerveuse.

Les nerfs répandus dans le corps sont formés de filets
d'une extrême finesse. Ces filets à leur tour se composent
d'un tube ou écorce transparente rempli de moelle, sauf toutefois l'espace minime occupé par un filament d'une ténuité
extrême qui constitue l'*axe* central du tube (*cylindre-axis*).
Le tout a l'épaisseur, nous ne dirons pas d'un cheveu, mais de
la dixième partie d'un cheveu, de 0,02 à 0,0025 de millimètre
environ, et l'*axe* est naturellement bien plus fin encore.

L'axe est la partie la plus essentielle, l'élément conducteur
du nerf ; la moelle qui l'enveloppe et l'écorce qui entoure le
tout ne sont que des parties protectrices.

L'épaisseur des différents tubes nerveux n'est pas identique ;
quant à leur longueur, elle est
toujours très grande et continue entre les points qu'elle
met en rapport. Ces fibres ne
constituent pas les seules parties élémentaires du système
nerveux : elles prennent naissance chacune dans une *cellule*. Les cellules se présentent
sous des formes différentes
et reçoivent des noms qui rappellent ces formes ; ainsi, il y
en a de rondes, d'étoilées, de
fusiformes (en forme de fu-
seau). Cellules et fibres sont
les éléments anatomiques mi-

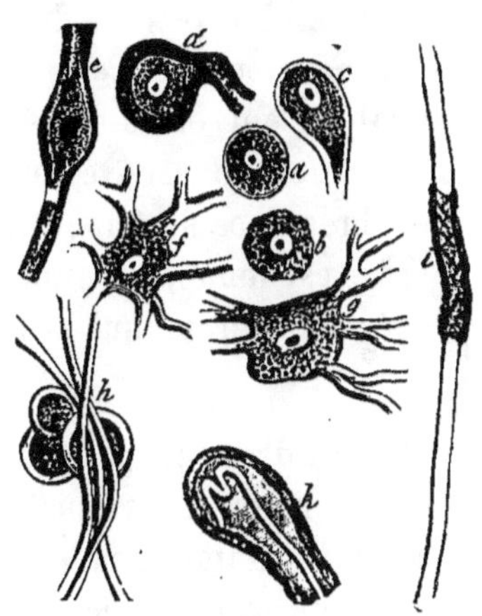

CELLULES NERVEUSES, DE FORMES
DIFFÉRENTES, ET FIBRES NERVEUSES

k, terminaison d'une fibre. — *i*, fibre avec
son enveloppe.

croscopiques et, par conséquent, les infiniment petits du système nerveux.

▷◁

On sait que grâce au système nerveux nous pensons, nous sentons par nos divers sens, nous exécutons des mouvements volontaires. Les nerfs jouent un rôle important dans la digestion, la circulation, la respiration, etc. Parmi les nerfs, il en est qui sont préposés exclusivement à l'exécution des mouvements, et qu'on nomme nerfs *moteurs*, d'autres affectés spécialement à la sensibilité ou nerfs *sensitifs*. Le cerveau est le siège de la pensée.

Si nous voulons exécuter un mouvement, c'est dans le cerveau que se manifeste la volonté ; les ordres sont transmis aux organes qui doivent les accomplir, au moyen des nerfs moteurs. L'ordre part du cerveau, les nerfs moteurs en sont les conducteurs, et cette dépêche physiologique parvient aux membres qui obéissent. Vient-on à couper un nerf, la communication se trouve interrompue entre le cerveau et les membres où ce nerf aboutit; la dépêche n'est plus transmise ; l'ordre est donné, mais non exécuté, comme il arriverait d'une dépêche télégraphique si le fil conducteur était rompu.

Il n'est d'ailleurs pas nécessaire de couper les nerfs moteurs pour connaître leurs fonctions; nous avons d'autres moyens de les frapper d'impuissance : de les paralyser : il suffit d'empoisonner un animal avec du *curare*. — C'est ainsi qu'on nomme le poison du serpent à sonnettes (*crotale*). — L'animal empoisonné devient incapable de faire un mouvement, mais il conserve sa sensibilité. Les muscles ne sont pas non plus atteints; ils conservent leurs propriétés; ils sont prêts à obéir s'ils reçoivent des ordres. Le cœur, qui est un muscle, continue à battre. Toute la machine animale est intacte sauf un organe,

un organe important, il est vrai, sans lequel elle ne saurait
marcher. Les nerfs moteurs sont seuls frappés.

Un autre poison (*strychnine*), tiré de la noix vomique, n'a-
git que sur les nerfs sensitifs. L'animal que l'on empoisonne
peut exécuter des mouvements, mais il ne sent plus rien : on
peut le piquer, le pincer, le blesser sans qu'il éprouve de douleur.

Il est d'ailleurs possible de procéder à l'égard des nerfs
sensitifs comme nous l'avons fait pour constater les fonctions
des nerfs moteurs, c'est-à-dire de couper un nerf sensitif
d'un animal; aussitôt la partie du corps que desservait ce nerf
avec ses ramifications est privée de sensibilité. Une blessure
accidentelle permet d'observer les mêmes faits chez l'homme.
A la guerre, on trouve malheureusement de fréquents exem-
ples qui corroborent les résultats fournis par les expériences
de laboratoire.

Il y aurait beaucoup à dire encore sur les nerfs et sur le
cerveau, mais notre but est seulement de fournir en passant
quelques indications sommaires sur les organes dont nous
examinons les éléments microscopiques.

Les muscles. — Fibres musculaires; dimensions; couleur; propriété
caractéristique; fonctions. — Langue.

Le bœuf bouilli, très cuit, se divise en filaments assez gros,
que chacun a pu observer. Ces filaments sont eux-mêmes
composés d'un grand nombre de fibrilles élémentaires, dont
le diamètre varie de un à deux centièmes de millimètre.
— Le fil de soie le plus fin est considérablement plus épais.
— Quant à la longueur, elle varie avec celle du muscle.

Cette fibrille si fine et si déliée se compose pourtant d'un
tube ou enveloppe extérieure élastique qui renferme une substance contractile. Chaque muscle est formé de l'ensemble de

ces fibrilles, qui jouissent de cette propriété caractéristique nommée *contractilité*, en vertu de laquelle elles se replient sur elles-mêmes pour se raccourcir ou se détendent pour s'allonger. C'est en quelque sorte l'élasticité des substances vivantes.

Les muscles s'insèrent par leurs extrémités, modifiées en *tendons*, dans les os. En se raccourcissant, ils rapprochent les os avec lesquels ils sont en rapport, et déterminent ainsi les mouvements que nous voulons exécuter.

Bien que les muscles nous paraissent de couleur rouge, ils doivent cette apparence au sang qu'ils retiennent entre leurs fibres. En les lavant avec soin, on parvient à enlever tout le sang, et on reconnaît alors qu'ils sont incolores.

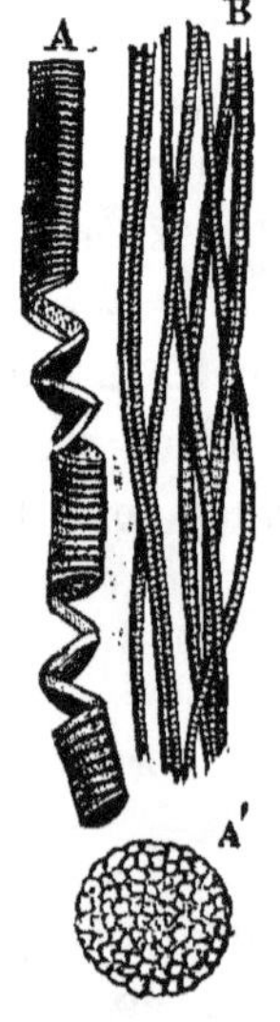

FIBRES MUSCULAIRES.

A, fibrille dépouillée de son enveloppe. — A', une des parties de la fibrille à un plus fort grossissement. — B, plusieurs fibres vues à un moindre grossissement.

La langue est un faisceau très complexe de fibres musculaires, entrecroisées dans tous les sens, de sorte qu'elle peut se raccourcir ou s'allonger, s'amincir ou s'épaissir, se déplacer aisément à droite ou à gauche, se porter en haut vers le palais, ou en bas vers la mâchoire inférieure. Elle peut modifier incessamment sa forme et sa position pour exécuter ses diverses fonctions, soit qu'elle aide à la déglutition, soit qu'elle se prête à la formation de la parole. C'est un des muscles les plus souples, les plus mobiles que l'on soumet aux exercices les plus fréquents et les plus compliqués.

Ajoutons qu'elle est très sensible au toucher et qu'elle constitue en grande partie le siège du goût, grâce au nerf spécial dont les rameaux nombreux et déliés sont distribués dans sa masse, grâce aussi à la disposition de la surface de cet organe, constituée par d'innombrables petits godets (*papilles*) dans lesquels les substances se dissolvent et se trouvent en contact plus intime avec les filets nerveux appréciateurs du goût.

Les os : cellules; composition ; formation. — Le périoste ; reconstitution des os.

L'analyse microscopique montre dans le tissu osseux et cartilagineux des cellules d'une forme caractéristique. Elles sont étoilées; les branches de ces étoiles se continuent par des filets creux très déliés, sorte de canalicules reliés avec les mêmes filets d'autres cellules, de manière à former une sorte

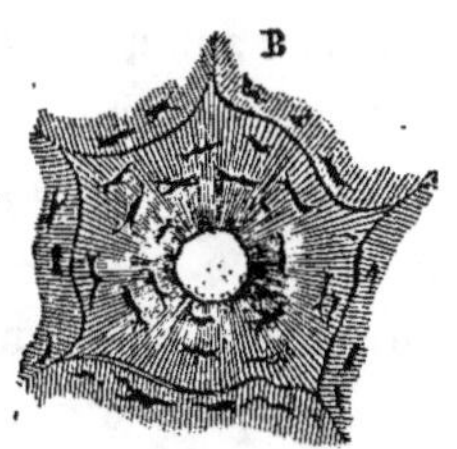

PLUSIEURS CELLULES ÉTOILÉES.   COUPE D'UN CANALICULE MONTRANT LA DISPOSITION DES CELLULES ÉTOILÉES

de réseau. Les mailles du réseau se remplissent d'une substance qui constitue la matière osseuse fondamentale. Dès le début, cette matière possède son caractère osseux, c'est-à-dire qu'elle contient les substances minérales qui donnent à l'os sa consistance et sa solidité ; ce n'est pas du tissu cartilagineux durci par des sels calcaires : chaque cellule a son caractère distinct. Le tissu cartilagineux ne saurait en aucune manière être considéré comme la première phase du tissu osseux.

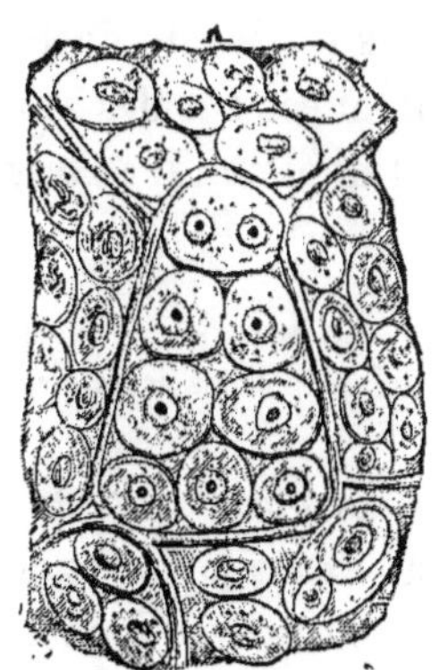

CELLULES DU CARTILAGE

Les os sont en quelque sorte enveloppés par une membrane nommée *périoste*, capable de les créer ou de les régénérer lorsqu'ils ont été détruits en partie. Il arrive dans certains cas qu'une blessure compromet l'existence d'un os; si le périoste est respecté, il sécrètera une nouvelle substance osseuse, un os neuf. Au-dessous du périoste, dans la moelle adjacente, les cellules sont en travail, se reproduisent sans intermittence et régénèrent l'os.

En nourrissant des animaux avec des aliments colorés par la garance ou en mêlant la plante elle-même aux aliments, Flourens a démontré le mouvement nutritif qui s'accomplit dans les os. Il a constaté, en sciant un os en travers, la présence d'une série de zones concentriques, alternativement blanches et rouges, une sorte de cocarde. Chaque zone répondait à une période pendant laquelle l'animal avait été nourri avec ou sans garance.

Grâce à la connaissance qu'on possède des fonctions du périoste, on peut aujourd'hui conserver des membres qui auraient été amputés autrefois.

Les os contiennent une si grande quantité de matière terreuse qu'ils tiennent autant de la nature minérale que de la nature animale. Cette partie terreuse permet à l'os de résister aux causes de destruction, et nous avons pu ainsi avoir des données sur des animaux qui ont depuis longtemps disparu, et dont nous retrouvons les squelettes fossiles.

La peau. — Structure; épaisseur; épiderme; matière colorante; derme.
Parties accessoires; glandes. — Rôle et importance de la peau.

La peau est cette enveloppe sans fin qui recouvre le corps à l'extérieur et se continue à l'intérieur, sous le nom de muqueuse, avec de légères modifications. On la décompose en plusieurs couches : la première, à l'extérieur, l'épiderme est insensible et d'une épaisseur variable, mais de 0,03 de millimètre au moins. Elle est composée de parcelles microscopiques,

comparables à des écailles. Ces parcelles se détachent, tombent
et sont remplacées. Un travail en quelque sorte continu s'accomplit à la face inférieure de l'épiderme et la peau se re-
nouvelle ainsi avec plus ou moins d'activité selon l'âge. Cette
première couche joue le rôle d'un vernis protecteur pour la
peau proprement dite ou derme qui est au-dessous.

Entre le derme et l'épiderme se trouve la matière colorante
de la peau ou *pigment*. Elle existe chez les diverses races humaines et chez les divers animaux en quantité plus ou moins
grande, et communique à la peau sa couleur.

Le derme est une sorte de tissu feutré formé de cellules fi-
breuses enchevêtrées. Le feutrage ferme, serré à sa partie
en contact avec l'épiderme, est mou
et lâche au-dessous. Le tout a une
épaisseur d'environ un demi-milli-
mètre. La surface du derme qui touche
l'épiderme présente une quantité in-
nombrable de petites saillies, ou *papilles* dont la réunion simule des
sillons très déliés. L'épiderme qui se
moule pour ainsi dire sur le derme en
reproduit l'aspect à l'extérieur; on voit
à l'extrémité des doigts, sous la forme
apparente de fins anneaux concentriques, les figures qui dessinent les papilles par leur ensemble.

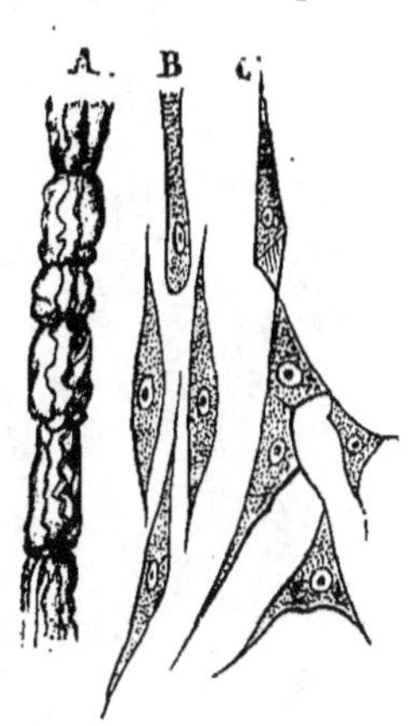

FIBRES ET CELLULES
APPARTENANT A DIVERSES
MEMBRANES.

Dans chacune de ces petites saillies
aboutit l'extrémité d'un filet nerveux. En outre, à l'intérieur
d'un grand nombre de ces papilles se trouve un petit corps
ovoïde autour duquel le filet nerveux fait quelques tours avant
de se terminer. Dans d'autres papilles, le nerf se termine d'une
autre manière. Plus les papilles et les corpuscules sont nombreux sur un même point, plus les extrémités nerveuses sont

abondantes, et plus aussi la sensibilité est vive sur ces points, d'autant plus que l'épiderme qui les recouvre est plus mince. C'est ce qui a lieu pour l'extrémité des doigts, des lèvres, de la langue, où le toucher acquiert une grande délicatesse.

Les différentes manières dont les nerfs se terminent peuvent servir à expliquer la multiplicité des sensations que nous éprouvons en touchant les corps. Le toucher est, en effet, un sens complexe, comme la vue, si on le compare aux autres sens ; l'oreille ne saisit que les sons ; le goût et l'odorat sont exclusivement consacrés à recueillir, le premier des saveurs, le second des odeurs, tandis que si nous touchons un corps, nous ressentons simultanément plusieurs impressions. Nous avons, en effet, la connaissance de la forme, nous sentons les angles et les parties arrondies, et de proche en proche jusqu'aux aspérités ; nous connaissons donc en même temps et la forme du corps et la nature de sa surface.

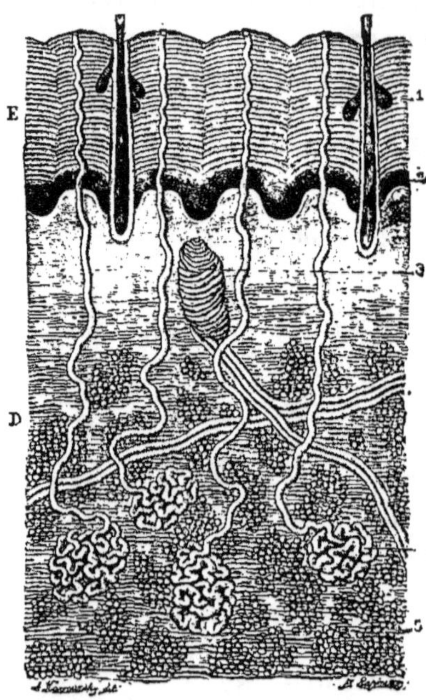

COUPE DE LA PEAU POUR MONTRER L'ÉPAISSEUR RELATIVE DES DIVERSES PARTIES AINSI QUE LES GLANDES.

E, épiderme. — D, derme. — 1, glandes qui sécrètent les poils, avec glandes sébacées. — 2, couche muqueuse où se trouve la matière colorante et qui recouvre les papilles du derme. — 3, renflement nerveux. — 4, glandes qui sécrètent la sueur. — 5, cellules graisseuses.

Ce n'est pas tout : en promenant la main sur le corps, nous acquérons une notion de la grandeur par la comparaison de

l'étendue de notre main à celle du corps palpé. Enfin, nous
sentons si le corps est plus ou moins chaud que notre propre
corps. Toutefois, sur ce dernier point, nous pouvons être le
jouet d'une illusion, et dire d'un corps qu'il est froid ou chaud,
selon qu'il est plus ou moins bon conducteur de la chaleur.

On accorde encore au toucher le pouvoir d'apprécier le
poids des corps, tandis que cette faculté semble devoir appar-
tenir aux muscles. Que l'on place un corps sur la main ou qu'on
cherche à le soulever ; qu'il s'agisse d'une pression exercée par
un corps ou de l'effort qu'il faut faire pour le soulever, c'est
tout un. Une force est en jeu, et le muscle seul apprécie la force.
Nous en dirons autant de la sensation de la dureté, qui est une
résistance et par conséquent une force. (Bernstein.)

Nous ne saurions davantage attribuer au toucher la faculté
de sentir les distances, lorsque pour gravir ou descendre un
escalier nous soulevons ou abaissons les jambes.

Pour bien connaître ce qui appartient en propre à un sens, il
faut voir le parti qu'en ont tiré les malheureux qui, privés d'autres sens, sont obligés de développer et d'aiguiser ceux qui
leur restent pour suppléer, dans une certaine mesure, à ceux
qui leur manquent. Les aveugles, par exemple, demandent au
toucher les connaissances que nous acquérons par la vue. Ils
ont, comme on dit familièrement, les yeux au bout des doigts.
Or leur toucher, qui est très délicat, leur permet de saisir les
moindres accidents de la surface des corps, mais rien de plus.

Outre la sensation spéciale du toucher, si le contact d'un
corps agace, blesse ou irrite, nous éprouvons des sensations particulières et plus ou moins vives, connues sous les noms de démangeaison, prurit, douleur, chatouillement.

⸘

En réalité, nous ne sentons rien que dans le cerveau, ou plutôt le cerveau et les filets nerveux ne font qu'un. Les filets nerveux sont sans doute comparables aux fils télégraphiques, comme nous l'avons dit plus haut, mais il ne faut pas se représenter l'âme comme l'employé du télégraphe se servant du cerveau en guise d'appareil *récepteur*. Dans le cerveau, le récepteur et l'employé ne sont pas séparés. De même, nous ne devons pas nous représenter nous-mêmes, placés derrière nos yeux, pour voir, comme si nous regardions à l'aide d'une lunette.

Ce qui paraît être une preuve à l'appui du fait que nous avançons, c'est que les personnes qui ont perdu une partie d'un membre continuent à ressentir des sensations dans cette partie. Il n'est pas rare d'entendre dire à un soldat dont le pied a été amputé qu'il éprouve une démangeaison à un doigt de ce pied absent. — Les restes des filets nerveux se conduisent comme s'ils étaient entiers.

⸘

La peau n'est pas une enveloppe imperméable, au contraire : des liquides, des gaz la traversent constamment. Des glandes formées de canalicules microscopiques qui se replient et se ramassent sur eux-mêmes à leur base viennent déboucher à la surface sous la forme d'entonnoirs qui constituent ce qu'on nomme les pores. Ces glandes préparent d'une manière continue la sueur qui vient perler, le plus souvent d'une manière insensible, et parfois abondamment, à la surface de la peau, selon le degré d'activité de cet organe et la température ambiante.

D'autres glandes, dites *sébacées*, situées dans la partie supérieure du derme, dans le voisinage des poils, élaborent un corps gras qui lubrifie la peau et en entretient la souplesse.

La surface de la peau, constamment recouverte de substances grasses et fluides, est très apte à fixer les corpuscules de toute nature qui flottent dans l'air. Ces corpuscules qui composent la poussière, et qu'un rayon de soleil nous montre si clairement, sont des débris de tous les objets qui nous environnent. Le microscope permet d'y reconnaître à leur couleur, leur forme, leur grosseur, des parcelles infiniment petites des meubles, du plafond, du parquet, des tentures, etc. Ces corpuscules se déposent sur notre peau comme sur les meubles; ils parviennent à en boucher partiellement les pores et gênent les fonctions si importantes de cette enveloppe du corps. On comprend dès lors la nécessité de maintenir la peau en parfait état de propreté si l'on veut ne point compromettre la santé générale.

Poils, cheveux : forme, couleur, structure, dimensions.
Mode de formation.

Certaines parties de la peau sont recouvertes de poils. Sur la tête, ils portent le nom de cheveux. On dirait une plantation. Chaque cheveu est en effet fixé par sa base dans l'épaisseur de la peau comme une plante l'est au sol; libre à l'autre extrémité, il semble pousser comme une plante. Ce ne sont là que des ressemblances éloignées, et les choses ne se passent pas de même dans la naissance et le développement de la plante et du poil.

A l'aide du microscope nous allons pouvoir examiner le cheveu en détail : en long, en coupe transversale et enfin dans

les éléments infiniment petits qui le constituent. On peut voir
d'abord des formes diverses dans les poils : tous ne sont
pas rigoureusement cylindriques; ils n'ont pas le même diamètre ou la même épaisseur dans tous les points; l'extrémité
est conique. La base du cylindre n'est pas toujours un cer-

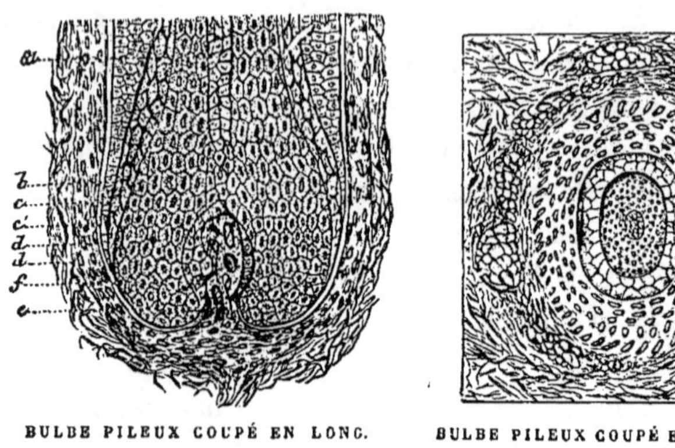

BULBE PILEUX COUPÉ EN LONG.   BULBE PILEUX COUPÉ EN TRAVERS

a, moelle formant l'axe du poil. — *b*, cellules du bulbe. — *c, c'*, épiderme. — *d, d'*, derme.

cle; il existe des cheveux à base elliptique, d'autres plus ou
moins aplatis. La couleur des cheveux varie comme celle
de la peau et se trouve le plus souvent en harmonie de ton
avec elle. Quant aux dimensions, elles sont diverses. Les cheveux blonds sont généralement plus fins que les bruns et les
noirs.

On distingue dans le cheveu la racine ou extrémité inférieure interne, qui n'a d'ailleurs rien de commun avec la racine des végétaux. Elle adhère à une légère saillie située au
fond d'un repli ou cul-de-sac de la peau. Vient ensuite le
corps du cheveu, et enfin l'extrémité libre ou pointe, qui est
de forme conique plus ou moins aiguë.

En examinant de plus près, nous distinguerons, dans la
structure du cheveu, de la moelle au milieu, dans l'axe; cette
moelle est enveloppée par la substance du cheveu propre-

ment dite, qui elle-même est recouverte d'une écorce protectrice ou épiderme.

De plus près encore, on voit la constitution intime du cheveu : ce sont des cellules de formes variées propres à chaque tissu. Celles de la moelle diffèrent de celles de la substance propre, et l'une et l'autre diffèrent de celles de l'épiderme. Bien qu'il y ait entre elles une communauté d'origine, elles sont modifiées de manière à servir de matériaux à des tissus divers. Ainsi les propriétés du tissu sont déjà en puissance dans les éléments microscopiques qui le constituent, comme les qualités d'une étoffe existent déjà dans les fils dont elle est formée. Ceci n'est pas d'ailleurs particulier au cheveu.

Les cheveux sont sécrétés par des glandes situées dans les replis de la peau dont nous avons parlé plus haut. Au fond se trouve une saillie ou renflement nommée *bulbe* que le cheveu embrasse à sa base. C'est particulièrement autour du bulbe que se produit la matière du cheveu. D'abord molle à l'intérieur, elle prend de la consistance dès qu'elle est hors du sac. A cette matière se mêlent les granulations colorées qui donnent au cheveu sa couleur; près de l'ouverture, par les deux petits conduits de deux glandes, disposées de chaque côté du cheveu, un corps gras est versé et enduit le cheveu, auquel il donne la souplesse nécessaire.

La matière sécrétée a d'abord rempli le petit réservoir, puis, celui-ci plein, elle a débordé. C'est ainsi que se forment les petits points noirs qu'on voit sur le visage peu d'heures après qu'on a rasé les poils de la barbe. La sécrétion continue; une nouvelle quantité de matière produite pousse au dehors celle qui fait déjà saillie; le poil devient plus apparent. La longueur s'accroît ainsi, non par poussées successives, mais par une poussée continue. La partie la plus ancienne du cheveu occupe naturellement l'extrémité libre. Le cheveu pourrait donc, ce semble, acquérir une longueur indéfinie, si des

causes diverses ne contribuaient à le détruire, par exemple
son propre poids, et surtout le frottement contre les vêtements, ou le passage trop fréquent du peigne.

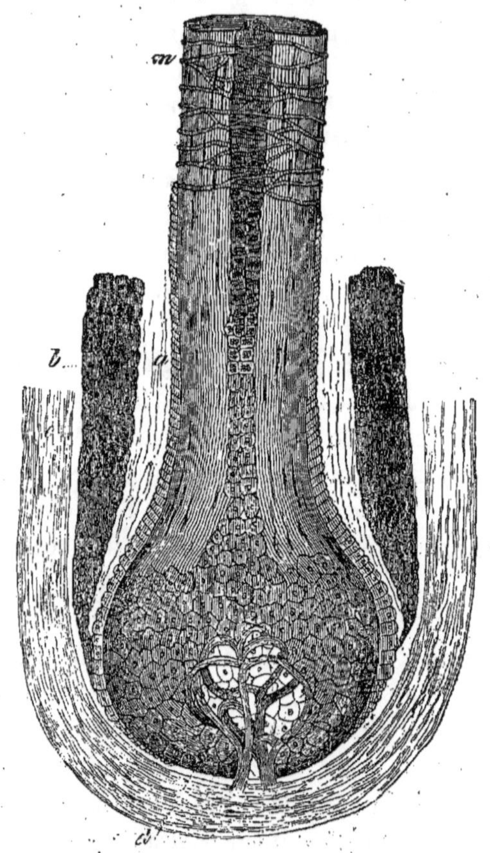

CHEVEU TRÈS GROSSI.

Lorsque, par suite de l'âge ou de quelque accident, la
source de matière colorante se tarit, le cheveu devient blanc.
Toutefois la *canitie*, de même que la *calvitie*, ne sont pas
des conséquences de la vieillesse seule. Les chagrins continus,
les frayeurs subites, les préoccupations vives sont autant de

causes qui influent soit pour déterminer la chute des cheveux, soit pour en amener la décoloration.

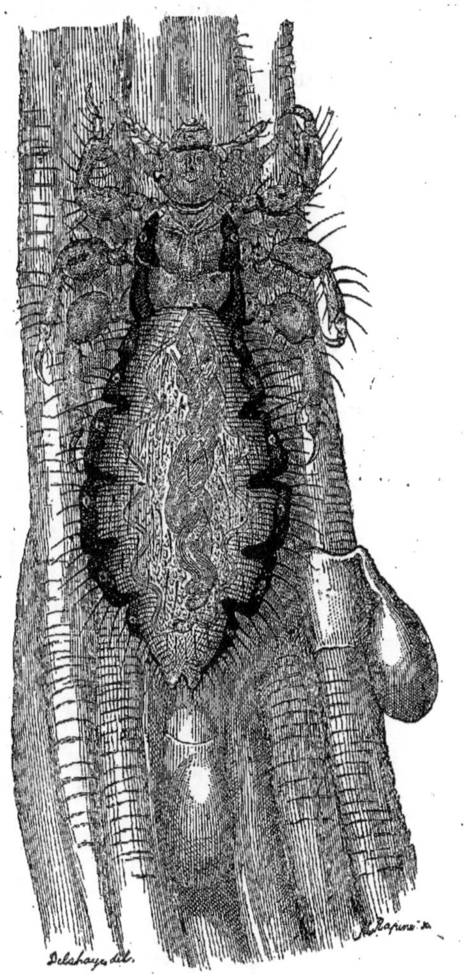

CHEVEU AVEC POU ET LENTES OU ŒUFS DE POU.

Les cheveux réclament des soins de chaque jour : il faut les aérer, les peigner, les brosser, les laver, les lubrifier. C'est ainsi qu'on les conserve longtemps et en bon état. Après leur chute par suite de l'atrophie ou mort du bulbe, rien ne saurait les faire revivre. Il est facile au contraire de teindre en noir des cheveux blancs, mais à quoi bon? cela ne fait illusion à personne; on essaye en vain de réparer des ans l'irréparable outrage. Il y a d'ailleurs une harmonie naturelle entre les cheveux blancs, et le visage pâle, ridé, la peau parcheminée, le regard à demi éteint du vieillard. Ajoutons que les bonnes teintures sont dangereuses; les mauvaises teintures sont seules inoffensives.

Les cheveux sont très hygrométriques : ils fixent une certaine quantité de la vapeur d'eau répandue dans l'air, deviennent ainsi plus lourds, plus longs et moins aptes à onduler. Aussi a-t-on fait un hygromètre à cheveu, c'est-à-dire un appareil qui permet d'apprécier le degré d'humidité de l'atmosphère par les variations de longueur du cheveu.

Articulés. — Mâchoires de divers insectes. — Organes de succion
de mastication, d'aspiration. — Trompe des papillons.

Demandez aux gens ce que c'est qu'un insecte : il y a beaucoup à parier qu'on vous répondra que c'est une petite bête.
Araignées, myriapodes, insectes, sont tous des insectes, pour
le vulgaire comme pour les gens du monde peu instruits.

L'insecte a le corps divisé en trois parties ; il possède trois
paires de pattes, le plus souvent des ailes, au nombre de quatre
ou de deux, et enfin des antennes, sortes de petites cornes
souples, déliées, très mobiles, qui paraissent être des centres
de sensation..

Comme les autres animaux, les insectes ne se nourrissent pas de la même manière : les uns sont carnassiers,
les autres phytophages ; les uns s'attaquent à des substances
dures, d'autres puisent des liquides dans les fleurs. Naturellement, leurs mâchoires sont modifiées en conséquence et ap-
propriées, comme les dents, au mode de nourriture de l'animal ; les organes varient également. A ceux-ci des mâchoires
fortes et résistantes, à ceux-là une trompe, à d'autres un bec
ou suçoir. Mais, malgré la diversité dans la forme des appareils
et dans leurs fonctions, on peut remarquer qu'ils dérivent
d'un type unique plus ou moins modifié.

Voici d'abord la bouche d'un insecte *broyeur*. C'est un in-

secte qui se nourrit de matières solides qu'il lui faut par conséquent broyer ou triturer. Aussi, outre les lèvres et la langue,
distingue-t-on les appareils broyeurs ou masticateurs propre-

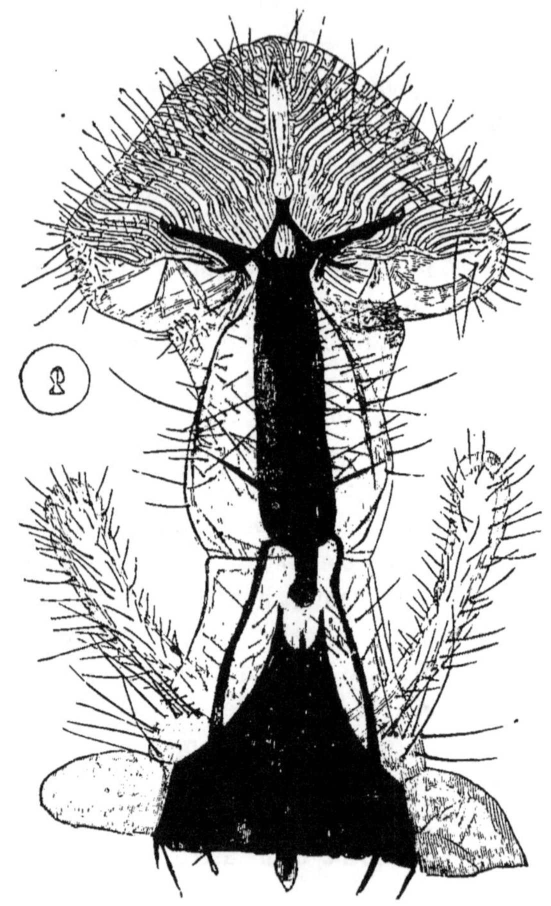

ment dits, les *mandibules* et les *mâchoires*. Les mandibules
commencent le travail que les mâchoires achèvent. Les premières sont donc plus fortes, plus puissantes et mieux ar-
mées. Ce sont des pièces massives, épaisses, portant des dents

solides et pointues sur le bord intérieur. Elles se meuvent comme les lames des ciseaux,, brisant, écrasant, coupant grossièrement les substances alimentaires. Les mâchoires s'emparent alors de ces substances à demi broyées et continuent le travail. Ce sont pour ainsi dire des mandibules, moins massives, moins puissantes, pourvues de dents grêles et plus aiguës. Elles se meuvent comme les mandibules, mais elles ont naturellement moins d'efforts à faire. Leur travail de trituration terminé, les aliments doivent être avalés.

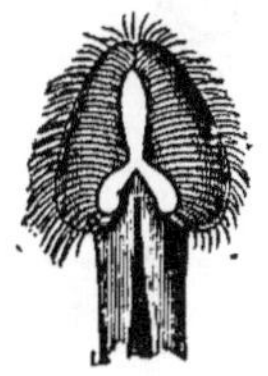 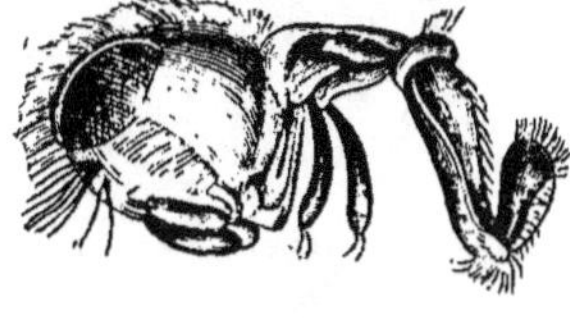 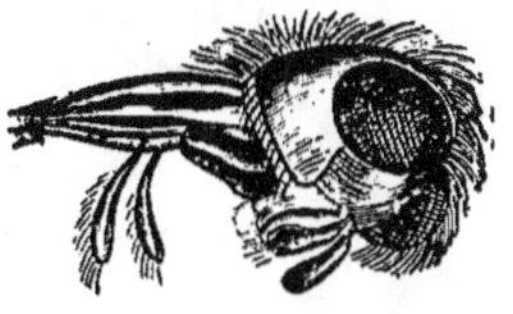

EXTRÉMITÉ DE LA TROMPE.   TROMPE DE LA MOUCHE.   LA MÊME RÉTRACTÉE.

Remarquez de chaque côté des mâchoires, sur les bords extérieurs, les *palpes*, plus longues et plus minces que les mâchoires. Elles accompagnent ces dernières dans leurs mouvements et contribuent, avec la lèvre inférieure pourvue de palpes plus petites, à faciliter le travail de la mastication et accomplir la déglutition. Elles rassemblent les substances triturées, les retiennent comme font nos joues, écartent les fragments insuffisamment broyés par les mandibules, et présentent successivement à la bouche, pour y être imbibées de salive avant la déglutition, les diverses portions de la masse alimentaire.

Voici maintenant la bouche d'un insecte suceur ; les mêmes pièces s'y trouvent plus ou moins modifiées dans leur forme, plus ou moins réduites dans leurs dimensions, mais toujours merveilleusement adaptées à leurs fins.

Chez les papillons, la transformation est plus complète. Les deux mâchoires très allongées, rapprochées l'une de l'autre, soudées de manière à laisser entre elles un espace vide, à for-

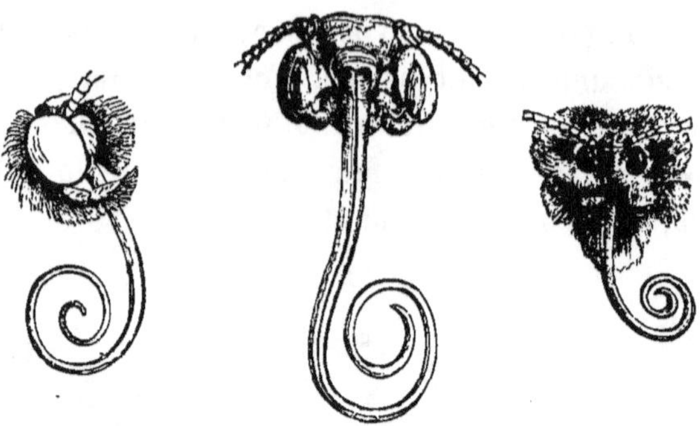

mer un tube délié, sont devenues une trompe ; les autres organes, qui ne sont plus nécessaires, n'ont pourtant pas disparu complètement, ils sont encore représentés par des parties rudimentaires.

Vaisseaux et trachées.

Comme tout animal. l'insecte respire, mais l'air n'entre pas dans le corps par la bouche : des ouvertures plus ou moins nombreuses, et généralement distribuées sur les côtés du corps de l'animal, permettent à l'air de pénétrer dans des tubes d'une extrême délicatesse nommés *trachées*, lorsque l'animal l'appelle par les contractions et les dilatations de son abdomen. Ces ouvertures, nommées *stigmates*, ressemblent assez à une boutonnière fermée, ou plus ou moins ouverte selon le cas. Les trachées, qui sont des tubes d'une grande finesse, sont pourtant composées de trois parties, deux tubes ou tuniques emboîtés l'un dans l'autre, comme un vêtement avec sa doublure, puis, entre les deux tubes, un filament élastique formant ressort, enroulé comme le fil à coudre sur les bobines.

de manière que toutes les spires se touchent, et que l'ensemble
forme un troisième tube élastique.

Malgré l'extrême ténuité de ce fil, il possède une grande
résistance qui maintient jusque dans leurs plus petites ramifications les tuniques tendues et distantes l'une de l'autre, de

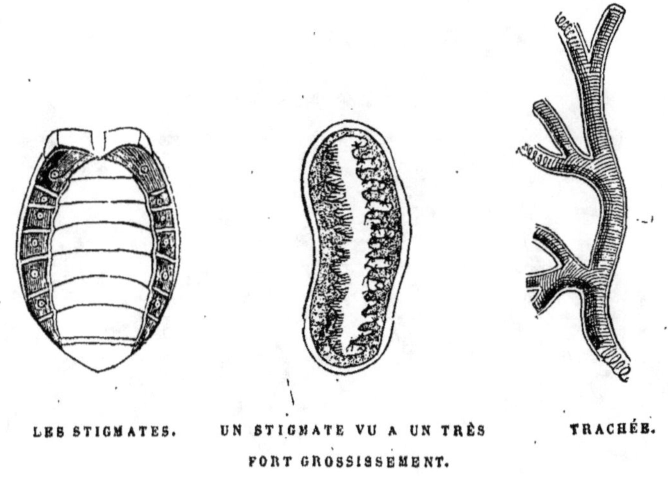

telle sorte que les phénomènes de la respiration puissent
s'y produire.

Lorsque l'insecte est au repos, sa respiration est faible, ses
trachées sont sensiblement aplaties comme des rubans. Il lui
est alors difficile de prendre son vol : son corps trop lourd ne
saurait être soutenu par le mouvement, si rapide qu'il puisse
être, de ses ailes. Il rend son corps plus léger en le gonflant
d'air et d'air chaud, comme une montgolfière. Ainsi s'expliquent les différences qu'on peut remarquer dans les mouvements plus ou moins rapides de certains insectes : tel qui a
la démarche lourde et semble se traîner sur le sol, s'élève à
certains moments d'un vol puissant. Ainsi le hanneton,
parvenu à l'extrémité du doigt de l'enfant comme à un mât de
cocagne, pendant que l'enfant chante : « Hanneton, vole, vole

vole, hanneton, vole, vole donc, » transforme son corps en une pompe, accumule par ses mouvements la masse d'air qui lui est nécessaire pour un vol étendu, et s'élance à tire d'aile dans l'espace. Le criquet voyageur, qui se borne ordinairement à faire de grands sauts, se gonfle à certains moments, et,

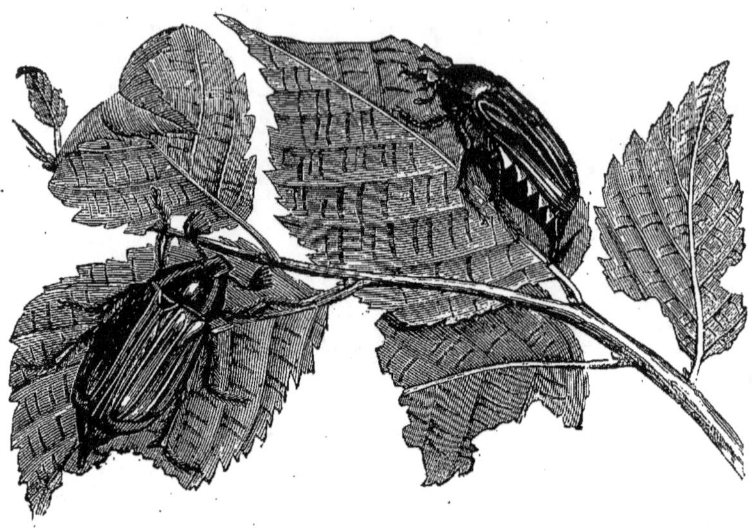

HANNETON.

semblable au baigneur que des vessies remplies d'air soutiennent en partie lorsqu'il est plongé dans l'eau, il franchit en volant, le vent aidant, des espaces considérables.

Les pattes et les griffes.

La patte de l'insecte se compose, comme les membres des mammifères, de plusieurs pièces. On y distingue une hanche qui s'articule au corps même de l'animal, une petite pièce lui succède (*trochanter*), puis une autre beaucoup plus longue s'articule à celle-ci : c'est la cuisse ; elle est longue, droite, mince comme une tige ; vient ensuite la jambe, et enfin le pied ou tarse, qui se compose lui-même de plusieurs articles, et qui est terminé par des griffes.

COURTILIÈRE.

Cette petite patte si fine, si délicate chez certains insectes, se compose de parties encore plus petites, plus fines, plus

déliées, et, quelle que soit la ténuité, l'exécution est toujours
parfaite; les plus petits détails sont aussi finis, aussi achevés,
que les os puissants de nos grands mammifères.

La longueur, l'épaisseur, le nombre, la résistance, la solidité des diverses pièces, varient selon les espèces; on ne rencontre pas moins de diversité ici que chez les animaux supérieurs. C'est qu'en effet les uns volent, d'autres sautent,
d'autres courent ou marchent ou nagent; pour chaque desti-
nation, il a fallu des organes appropriés à la nature du mouvement et au milieu dans lequel l'animal est appelé à vivre.

Chez les papillons, c'est l'aile qui est le véritable organe du
mouvement; ils volent presque constamment, et se posent un
instant sur une fleur, pour y puiser les sucs dont ils se nourrissent.

> Il court de fleurs en fleurs,
> Prenant et quittant les plus belles.

Aussi les pattes sont-elles frêles, délicates, fines, sveltes,
tout juste assez solides pour supporter un instant le corps de
l'animal. Ces pattes sont couvertes de poils et d'écailles et
portent des crochets simples ou doubles. Comment se représenter la finesse de ces griffes et de ces poils, lorsque la patte
est déjà si mignonne? Les crochets mêmes sont conformés
diversement, selon que l'animal doit se poser sur les troncs,
sur les feuilles ou sur les fleurs; la variété d'adaptation se
retrouve jusque dans les moindres détails. On pourrait, en
cherchant bien, trouver chez les insectes les analogues de nos
oiseaux échassiers, grimpeurs, nageurs, etc., comme on y
trouve les carnassiers, les herbivores, les granivores, les
frugivores, etc.

Les mouches à quatre ailes ou à deux ailes font alternativement usage de leurs pattes et de leurs ailes, surtout de ces
dernières. Il est toutefois des insectes, les fourmis par exemple,

qui sont plus particulièrement propres à la marche ou plutôt à
la course. On sait la rapidité avec laquelle elles se déplacent,
l'activité qu'elles montrent, la vivacité de leurs mouvements.

La patte présente encore plus de variété chez les coléoptères. — On nomme ainsi les insectes qui ont une paire d'ailes
dures, coriaces, enfermant l'animal comme dans un étui,
et dont le hanneton nous offre un exemple. — La patte n'est
pas ici simplement un organe de mouvement, c'est plus
qu'un pied, c'est une main et une main armée, un outil
naturel dont l'animal se sert pour fouiller
la terre, ronger le bois ou la pierre. Il
scie, il coupe, il taille, aucune action mé-
canique ne lui est inconnue : ce qu'il
ne peut exécuter avec ses pattes seules
il le fait avec l'aide de ses mâchoires. *A
bec et griffes.*

Le *nécrophore fossoyeur*, l'*ateuchus*,
ont des pattes propres à creuser le sol.
L'*hydrophile* a ses pattes postérieures élargies et aplaties

NÉCROPHORE FOUISSEUR.

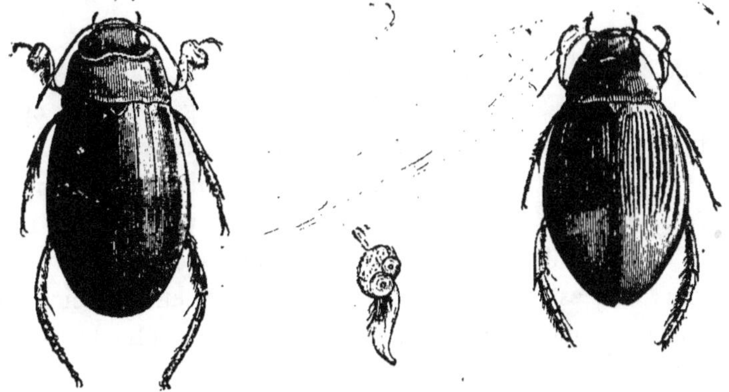

Mâle.   Patte du mâle grossie montrant les ventouses.   Femelle.

DYTIQUE BORDÉ.

de manière à remplir l'office de rames, car il vit dans l'eau.
Les *dytiques*, bien qu'ils ne soient pas exclusivement aqua-

tiques, ont leurs pattes conformées de manière à se mouvoir dans l'eau avec une grande rapidité. Le mâle pos-

HYDROPHILE.

Coque. — Larve. — Insecte parfait.

sède en outre sous ses pattes de devant une expansion garnie de ventouses. On reconnaît à la patte allongée, mince, cylindrique d'un *carabe* que c'est un animal coureur; la patte large, courte, trapue, dentée aux extrémités de la *courtilière*, annonce un animal fouisseur. Cette patte est, en effet, un instrument merveilleusement propre à creuser le sol. La courtilière est redoutable dans les jardins; elle y creuse des galeries souterraines, rongeant les racines qui lui barrent le passage.

Les pattes de derrière de l'abeille ouvrière sont légèrement creuses, de manière à former une sorte de corbeille dans laquelle l'animal dépose la provision de pollen.

On sait avec quelle facilité les mouches courent sans glisser
sur les surfaces les plus polies, sur les vitres, les glaces, le
marbre. Elles n'éprouvent aucune gêne à descendre verticale-

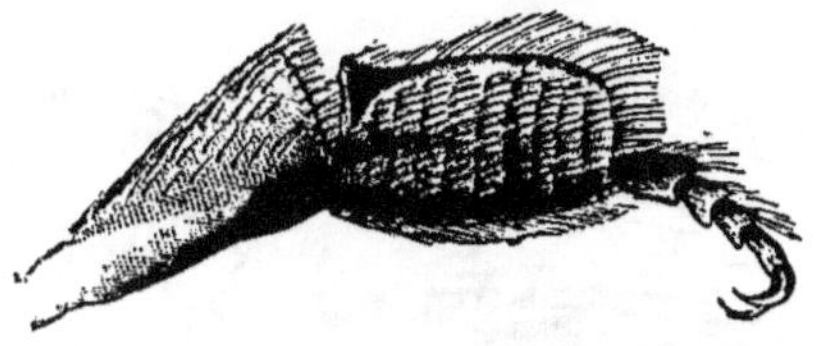

ment la tête en bas; elles circulent sur les plafonds comme
sur les planchers; quelle que soit la position de leur corps, leur
marche n'est pas moins assurée. Les extrémités de leurs pattes,
leurs pieds, ont la plante conformée de telle sorte qu'ils adhè-
rent aux surfaces comme des ventouses ou des disques de
caoutchouc.

Voyez-les s'arrêter au milieu de leurs folles courses, se frotter les pattes, nous allions dire les mains, les unes contre les
autres comme une personne qui se lave, puis se frotter les deux
côtés de la tête et par tous leurs mouvements rappeler assez
fidèlement les gestes d'une personne qui fait sa toilette. Sans
doute alors elles rassemblent sous leurs pieds un corps gras
qui facilite l'adhérence.

Quittons maintenant les insectes; examinons la patte d'une
araignée : elle est terminée par un crochet tantôt uni, tantôt
denté comme un peigne, une fourche, un rateau. Ces crochets
sont des instruments de travail pour ces admirables fileuses, ils
leur servent à disposer leur fil et à établir leur toile ou plutôt
leur réseau. C'est une des pièces les plus intéressantes à exa-

miner au microscope. Loin de perdre au grandissement,
plus on l'amplifie, mieux on en voit la perfection ; c'est l'in-

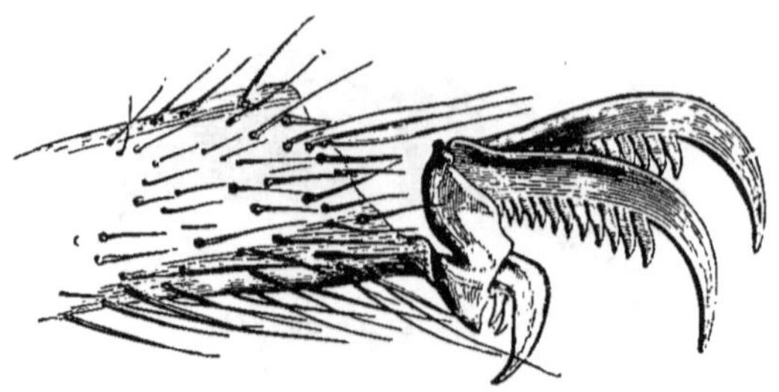

LA PATTE DE L'ARAIGNÉE.

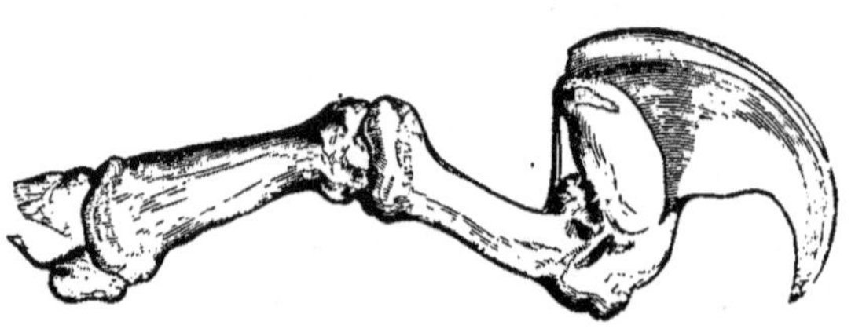

LA GRIFFE DU LION.

verse des œuvres de l'homme, qui perdent à mesure qu'on les
examine de plus près.

Les ailes.

La plupart des insectes sont ailés, mais leur vol n'est ni
puissant ni continu. Tandis que l'oiseau prend son essor vers
les régions supérieures de l'air, l'insecte s'éloigne peu de la
terre, tout juste assez pour planer au-dessus des plantes sur
lesquelles il trouve sa nourriture. Il quitte un instant la terre,
il y revient bientôt, et passe par de fréquentes alternatives de

mouvement et de repos. Telle la mouche au vol bourdonnant qui tout à coup devient immobile et silencieuse, mais seulement pour un instant, car elle reprend aussitôt son vol pour s'abattre de nouveau.

Si les fonctions des ailes sont semblables chez les insectes et les oiseaux, la structure de ces organes est essentiellement

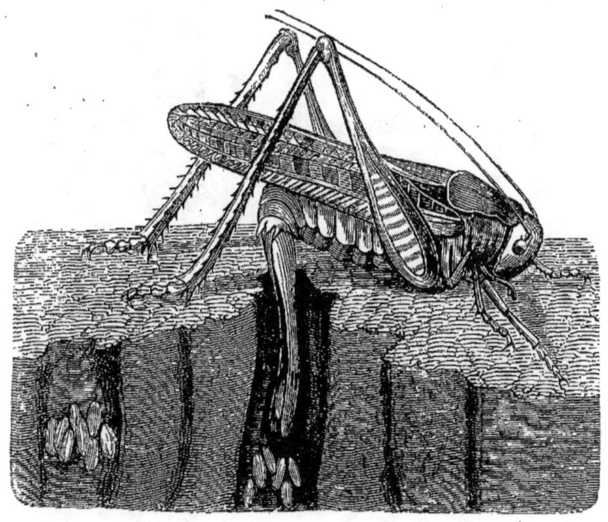

SAUTERELLE.

différente. L'aile de l'oiseau est formée de plumes, celle de l'insecte se compose de membranes tantôt nues, tantôt revêtues d'écailles de couleurs variées.

Un certain nombre d'insectes possèdent quatre ailes, les sauterelles par exemple; d'autres en ont deux seulement, les mouches; enfin, un petit nombre de groupes n'en ont pas, les puces. Les ailes ont une consistance variable : chez les coléoptères, les deux ailes supérieures sont dures et coriaces; chez d'autres, il existe deux ailes à demi dures, etc.

Voici une aile de mouche dont nos yeux ne sauraient nous

faire connaître la délicate quoique solide structure : le microscope seul peut nous en dévoiler les merveilleux détails. La charpente est formée par des nervures, sortes de tubes solides, résistants et flexibles qui se ramifient à partir du bord

CRIQUET

extérieur, où leur diamètre est le plus grand, jusqu'à l'autre bord, où elles acquièrent une finesse extrême. Quelquefois des nervures transversales, plus déliées, achèvent le réseau. Sur ce réseau sont tendues deux membranes extrêmement minces, l'une d'un côté, l'autre de l'autre.

Les ailes du papillon nous réservent bien d'autres surprises : ce ne sont pas seulement des constructions merveilleuses dans leur structure où la solidité s'allie à la fragilité, la résistance à la délicatesse, la force à la souplesse et à la légèreté, elles sont en outre parées de dessins aux couleurs brillantes et variées.

L'insecte ailé brillait des plus vives couleurs :
·L'azur, le pourpre et l'or éclataient sur ses ailes.

Tout contribue à charmer les yeux : l'élégance de la forme, la variété dans la composition et la finesse du dessin, la richesse et la pureté des tons, la douceur des nuances ; les contours sont nets, les couleurs vives, les contrastes multipliés, et cependant l'ensemble est harmonieux.

Les yeux une fois ravis, c'est au tour de l'esprit à être charmé, lorsque le microscope lui livre le secret de cet art

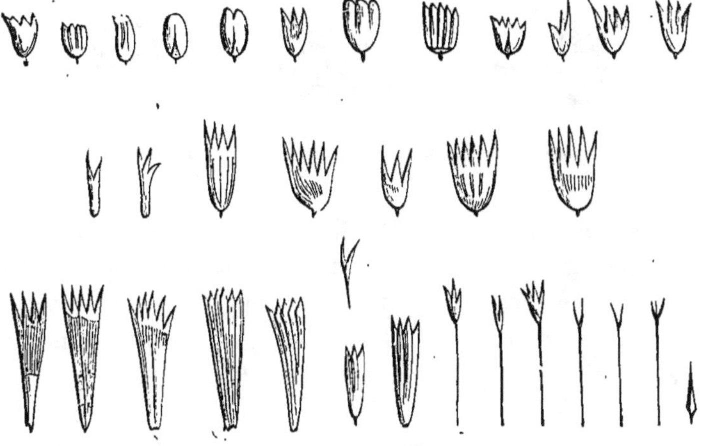

LES ÉCAILLES COLORÉES DE L'AILE DU PAPILLON.

merveilleux. Cette fine poussière, détachée de l'aile d'un papillon, et qui adhère à nos doigts lorsque nous saisissons l'insecte, compose à elle seule la riche et abondante palette qui colore les ailes. Chaque grain de cette poussière est une plume ou une écaille, comme on voudra la nommer. L'aile en est revêtue, comme le corps du poisson est recouvert d'écailles. Fixées à la membrane par une extrémité en forme de croc, elles sont libres à l'autre, et chaque rangée recouvre en partie la rangée suivante. Lorsque l'aile en est dépouillée, elle redevient transparente, car elle est réduite à la membrane.

Si petites que soient ces écailles, elles ne sont pas moins
variées de forme, de dimensions et de couleur que les

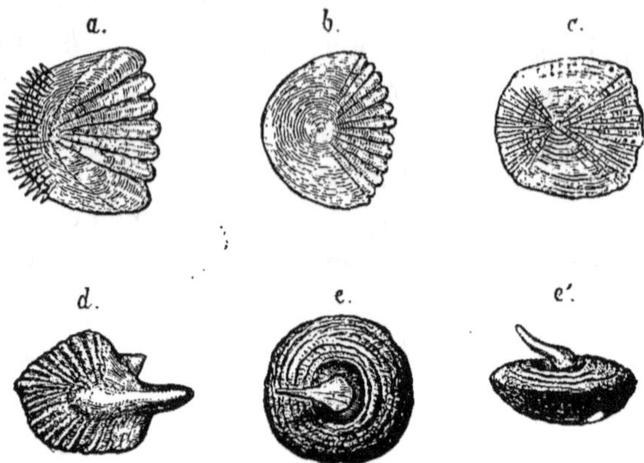

ECAILLES DE POISSONS.

a, écaille de perche. — *b*, écaille de cyprinodon. — *c*, écaille de carpe.
d, écaille de lépisostée. — *e, e'*, écailles de raie.

pétales des fleurs, avec lesquelles elles ont plus d'un trait de
ressemblance. Les bords en sont découpés, unis ou plus ou
moins dentés, festonnés. Uniformes pour une même espèce,
elles varient d'une espèce à une autre, et ne sont pas même
identiques dans les diverses régions de la même aile.

L'œil des insectes. — Œil simple et œil composé ou à facettes.
La cornée. — Les cornéules.

La pièce microscopique particulièrement intéressante est
la cornée à facettes de l'œil composé.
La cornée transparente est cette partie de nos yeux placée en avant et qui
recouvre la prunelle ou iris, comme
le verre d'une montre en recouvre
le cadran. Elle laisse voir l'iris au
travers et permet aux rayons lumineux
de pénétrer par la pupille pour former

ŒIL D'UN INSECTE.

au fond de l'œil les images des objets extérieurs. Notre cornée est légèrement bombée, mais celle des insectes est semblable à un diamant taillé, présentant un nombre considérable de facettes hexagonales régulières : on n'en compte pas moins de quatre mille sur la cornée de la mouche, de douze mille sur celle de la demoiselle ; mais le nombre est bien plus grand chez d'autres insectes. Si donc la cornée a une étendue d'un millimètre carré, ce qui est relativement énorme eu égard aux dimensions de l'animal, on a quelque peine à se représenter les dimensions des facettes dont la surface est notablement inférieure à un millième de millimètre carré.

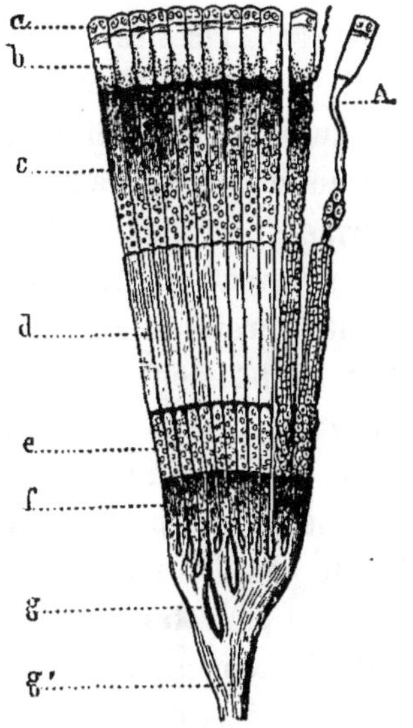

PORTION DE L'ŒIL COMPOSÉ D'UN INSECTE.

a, facettes ou cornéules. — *b*, cristallins. *c*, prolongement des nerfs. — *d*, autre partie des nerfs. — *e*, autre partie des mêmes nerfs. — *f*, division du nerf optique. — *g*, *g'* le nerf optique.

Ces facettes ou *cornéules* n'ont pas la même grandeur chez les divers insectes ; celles de la demoiselle sont environ six fois plus grandes que celles de l'abeille. La grandeur de l'œil varie également, et ses dimensions sont toujours relativement considérables, comparées à celles de l'œil des animaux supérieurs.

A la couleur des yeux de l'animal s'ajoutent les remarquables effets de la décomposition de la lumière à travers tant de prismes; ainsi qu'on voit les brillantes couleurs du spectre à travers les pendeloques des lustres et en général de tous les verres ou cristaux taillés, ainsi l'œil de l'insecte lance de tous côtés des rayons colorés d'un vif éclat : ce qui l'a fait comparer, non sans raison, à une pierre précieuse.

Chaque cornéule répond à un œil simple, qui comprend

un cristallin et une rétine. Autant de facettes, autant de filets nerveux qui se rassemblent en un faisceau, autant d'impressions visuelles qui se centralisent et renseignent l'animal sur ce qui l'entoure dans la multitude des directions normales aux facettes.

Il semble qu'un œil aussi compliqué et aussi parfait eût dû suffire au petit animal ; pourtant, outre ces yeux à facettes, les insectes possèdent des yeux simples ou *ocelles*. Ceux-ci en forme de petites boules, au nombre de un, deux ou trois, se trouvent sur le front, tandis que les yeux composés sont à droite et à gauche de la tête. Les ocelles rappellent assez fidèlement l'œil des vertébrés inférieurs, tant par les diverses parties dont ils se composent, que par la disposition, le nombre, la forme, les fonctions de ces diverses parties. Tout porte à croire qu'ils sont constitués de telle sorte que l'animal peut distinguer les objets très voisins ; ce sont pour lui des yeux de myope. L'insecte verrait donc simultanément et distinctement de loin et de près, grâce à ce double système oculaire, et il n'aurait pas, comme nous, à accommoder son œil aux diverses distances : myope par les uns, presbyte par les autres, tandis qu'il cherche sa pâture autour de lui dans un tout petit espace, il se sert des yeux simples ; lorsqu'il doit prendre son vol et s'orienter, il se sert de ses yeux composés.

Antennes.

Les antennes sont des sortes de petites cornes fines et souples composées d'un certain nombre d'articles. Tantôt elles sont implantées sur la tête, tantôt sur les côtés. Elles varient de longueur chez les divers insectes. Chez les papillons de jour elles ont la forme de petites massues, plus ou moins courtes, et composées d'un grand nombre d'articles. On ne se douterait guère que ces organes, qui nous paraissent si menus et si grêles à l'œil nu, se transforment en ces masses lourdes que nous voyons à travers le microscope. Les papillons du soir (*nocturnes, crépusculaires*) possèdent des antennes dont la forme rappelle celle des plumes à barbes, plus ou moins

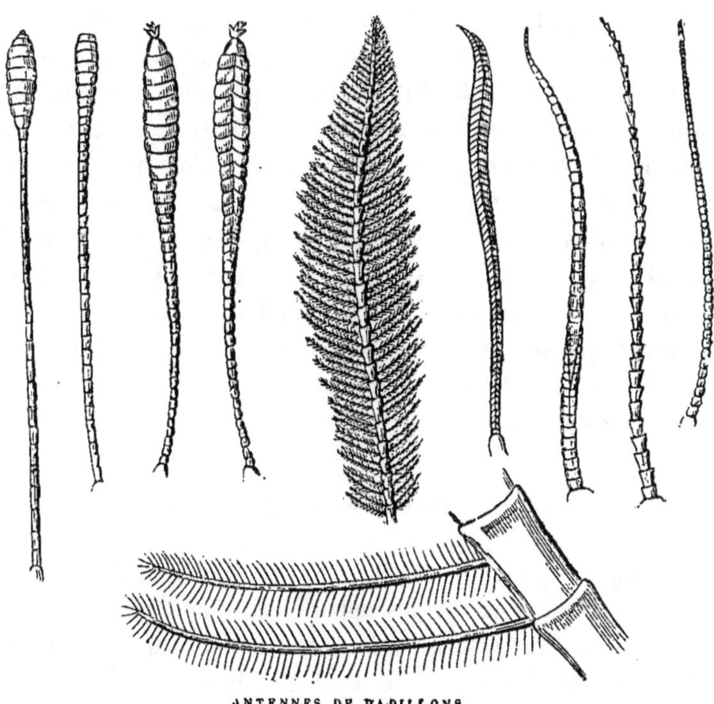

abondantes, plus ou moins longues et d'une extrême finesse. Les antennes du hanneton et des coléoptères du même groupe sont courtes, coudées et divisées en un grand nombre de branches à leur extrémité; dans d'autres groupes, les antennes sont en forme de peignes, de lames, etc.

Quelle est la fonction de ces organes? — Lorsqu'on observe les insectes, on les voit se servir constamment de leurs an-

tennes pour toucher les objets, le sol ou un de leurs semblables. — Se trouve-t-il sur un terrain qui lui inspire quelque
inquiétude, l'animal, visiblement préoccupé, tâte de tout côté
avec ses antennes, et s'avance avec circonspection, comme un
aveugle avec son bâton. — Les antennes sont donc des organes
de toucher, et d'un toucher délicat. — Deux insectes se ren-
contrent-ils, deux fourmis par exemple, ils agitent leurs antennes, les croisent, les entremêlent rapidement; ils semblent
ainsi échanger leurs idées. — Les antennes sont sans doute des
moyens de communication. — Enfin, si l'on observe que,
d'une part, les insectes ont l'ouïe très fine, qu'au moindre
bruit, au moindre frôlement, ils suspendent leurs mouvements, que, d'autre part, on ne leur connaît pas d'oreilles,
on est porté à conclure qu'ils entendent par les antennes;
d'autant que les antennes, comme toute tige, vibrent aisément. — Les antennes remplissent donc probablement les
fonctions d'oreilles.

La peau d'une chenille.

Lorsqu'on examine la peau de certaines chenilles au microscope, elle présente les apparences d'une peau de chat
ou de tigre. On y distingue des dessins analogues à ceux qui
figurent les poils de diverses couleurs, diversement disposés.
Toutes les peaux d'insectes à l'état de chenilles ou d'insectes
parfaits ne présentent pas d'ailleurs ces dispositions; elles
sont assez souvent unies.

L'insecte, larve ou chenille, abandonne à diverses reprises,
dans le cours de son développement, sa peau devenue trop
étroite; c'est l'épiderme seul dont il se dépouille; ainsi on
voit le ver à soie se dépouiller de son enveloppe chaque fois
que le développement de son corps l'exige, jusqu'au moment
où il file son cocon pour s'y enfermer et y accomplir sa méta-

morphose en *chrysalide*. On sait en effet que les insectes passent par divers états, diverses phases, avant de devenir insectes proprement dits ou insectes *parfaits*.

L'épiderme d'une chenille, ou d'un insecte parvenu au terme de son développement, contient une substance particulière (*chitine*) propre aux insectes. Une matière colorante, des sels calcaires s'ajoutent à cette substance pour lui donner la dureté et la coloration qu'elle revêt chez certaines espèces.

Comme le ver à soie est une des chenilles les plus connues, qu'il présente un très grand intérêt, qu'on a pu l'observer aux divers moments de son existence et en voir les diverses mues ou changements de peau, examinons-le au moment où il vient de naître. Il est alors assez petit pour le considérer comme microscopique, du moins si l'on veut en distinguer les parties. Il pèse alors un milligramme environ.

Les trois paires de pattes de l'insecte parfait existent déjà chez le ver; elles se distinguent des fausses pattes, qui sont destinées à disparaître.

Glandes de la soie.

Dans l'intérieur du corps du ver à soie, autour de l'estomac et de l'intestin, on voit deux tubes relativement gros qui forment de nombreux replis. C'est l'appareil producteur de la soie. Près de la bouche, les tubes deviennent beaucoup plus étroits et constituent les filières, qui se rapprochent, sans se confondre, et dans un tube unique versent la matière de deux fils distincts. En ce point, deux autres petites glandes sécrètent un vernis qui soude un fil à l'autre. Les deux fils n'en font qu'un, auquel le vernis donne toutes les qualités de la soie : le brillant, la souplesse, l'éfasticité, la résistance. Le liquide épais, visqueux sort par un trou très fin d'une papille de la lèvre inférieure, et, au contact de l'air, en se séchant,

devient le fil de soie. Ces fils ont en moyenne 0,01 de millimètre d'épaisseur.

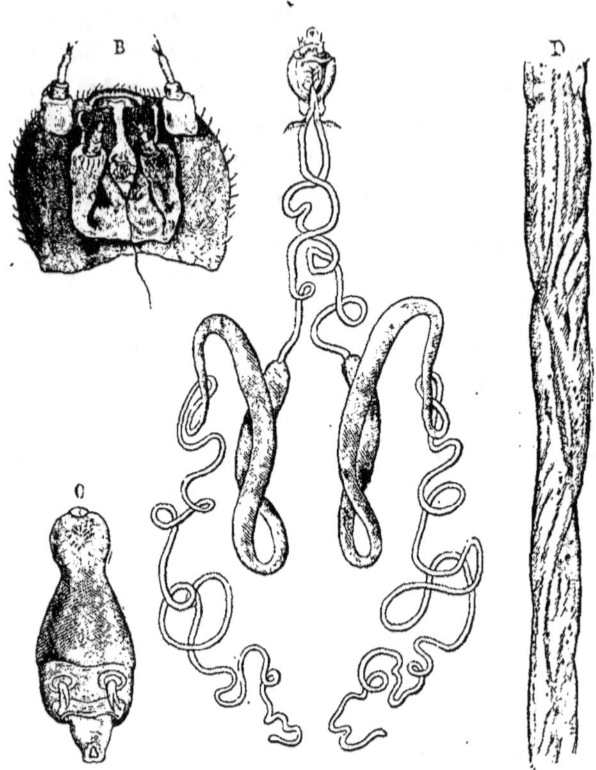

A, appareil qui sécrète la soie. — B, tête de ver vue en dessous, filière et fil. — C, la filière
seule. — D, le fil de soie seul

Les filières de l'araignée

A l'extrémité du corps, au bas de l'abdomen de l'araignée,
sont les *filières* par où sort le liquide épais qui devient au
contact de l'air, en se séchant, le fil à l'aide duquel l'animal
construit son réseau. Les filières sont des sortes de mamelles.
Le fil, quoique très fin, est une corde formée de fils beaucoup

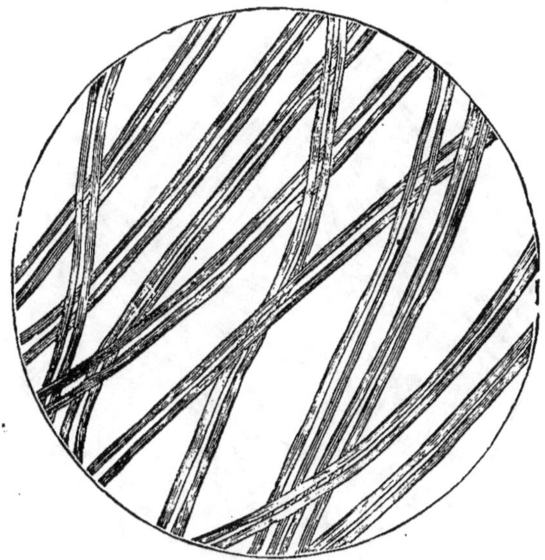

LES FILS DE SOIE COMPARÉS AUX AUTRES FILS.
1, fils de soie. — 2, fils de lin. — 3, fils de laine. — 4, fils de chanvre.

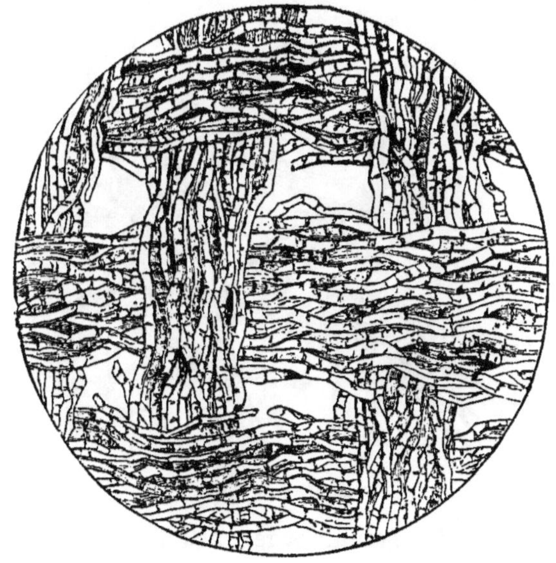

2. FILS DE LIN.
Morceau d'étoffe.

plus fins qui suintent par un grand nombre de trous micros-

3. FILS DE LAINE.
Morceau d'étoffe.

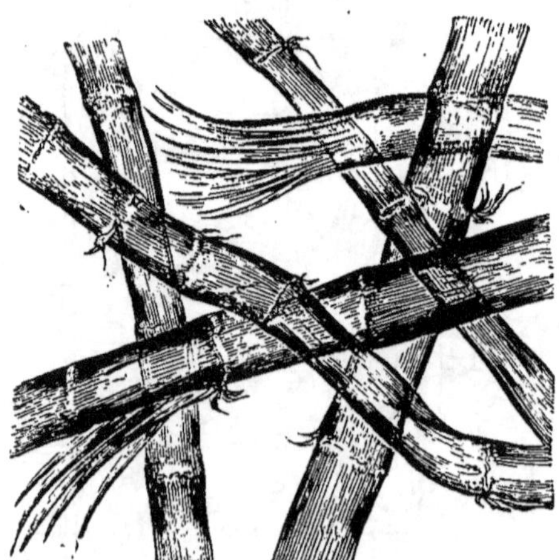

4. FILS DE CHANVRE.

copiques, avant de se réunir et de constituer le fil proprement dit. Qu'on se représente les filets d'eau sortant de la pomme d'un arrosoir, réunis à leur sortie en un seul jet ; c'est ainsi que sont réunis en un seul les fils élémentaires.

Il·existe des glandes qui préparent ou sécrètent la matière du fil, comme il y a des glandes pour sécréter le lait qui sort des mamelles, et de même que le lait des divers mammifères varie dans sa composition, qu'il n'est pas le même chez l'ânesse, la chèvre ou la vache, de même les fils produits par les diverses araignées ne sont pas identiques. Mais ce qui est plus curieux, c'est que la même araignée peut sécréter plusieurs sortes de fils, et pour chaque sorte elle possède une glande spéciale. Se figure-t-on une vache qui donnerait des laits de diverses qualités ! Les matériaux varient avec la position que doivent occuper les fils dans le réseau et les conditions de force et de souplesse auxquelles ils doivent satisfaire.

Les moyens de défense. — Le dard de l'abeille. — Glandes à venin.

On ne s'approche pas impunément d'une ruche : l'imprudent risque fort d'être châtié par quelque abeille. Pendant

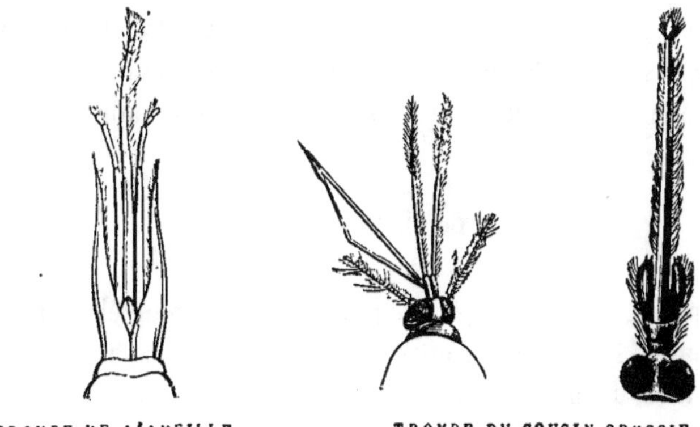

qu'elles butinent sur les fleurs ou qu'elles travaillent dans la ruche, rien ne laisse soupçonner qu'elles possèdent une arme défensive. C'est seulement au moment de l'attaque ou de la défense que le dard ou aiguillon est poussé au dehors. Il fait alors saillie à l'extrémité de l'abdomen ou ventre. Ce dard pointu, acéré, résistant, est formé d'un double stylet; des pièces le maintiennent à la base et l'empêchent de fléchir.

Tout près de l'aiguillon, on voit des tubes déliés formant de nombreux replis; ce sont les glandes à venin. Ces tubes se réunissent en un tube unique qui aboutit à un réservoir énorme, si on le compare aux glandes. Enfin, du réservoir part un conduit qui débouche entre les deux stylets.

A l'instant même où le dard est lancé, le réservoir est comprimé, et le liquide vénéneux coule dans le dard et pénètre avec lui dans la blessure. C'est une véritable injection sous-cutanée, comme disent les médecins.

⊱⊰

Le venin de certaines araignées coule par un petit crochet situé au-dessous des pinces nommées *antennes-pinces,* qui se trouvent près de la bouche. Les araignées mordent donc comme les serpents venimeux. En saisissant et mordant leur proie, elles lui inoculent le poison qui donne la mort.

Le phylloxéra.

Le phylloxéra, qui s'est acquis la déplorable célébrité de ravageur des vignes, rentre dans le cadre des infiniment petits. C'est un proche parent des cochenilles et des pucerons, de ces pucerons connus aussi pour leurs ravages, et dont un en particulier, le puceron *lanigère,* s'attaque à nos pommiers. Le puceron lanigère, comme le phylloxéra, comme la punaise et bien d'autres espèces malfaisantes, est originaire d'Amé-

rique. Chose déplorable; tous ces insectes nuisibles s'accli-
matent facilement et se multiplient avec une rapidité qui défie

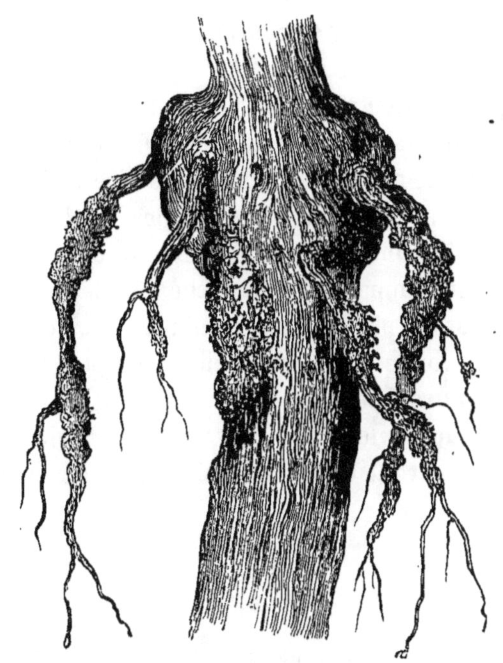

les procédés de destruction employés contre eux. On peut dire
de ces espèces, en modifiant le proverbe, *mauvaise engeance
croît partout.*

Le vieux monde n'est pas resté en arrière avec le nouveau;
il faut bien le dire, il y a eu entre les deux mondes un
échange de mauvais procédés. Telle est la conséquence du
rapprochement des peuples et de la civilisation : le même
navire qui porte un arbre ou un animal en porte aussi les
parasites.

Ӿ

Ce qui prouve que le phylloxéra est un animal importé, c'est 1° son apparition subite sur certains points, et 2° le mode de propagation autour de ce point.

Un vignoble attaqué présente une série de zones concentriques de vignes malades à des degrés divers, depuis celles du milieu qui sont mortes jusqu'à celles du bord qui sont en pleine végétation. Cela forme une sorte de tache, qu'on a fort justement comparée à une tache d'huile, parce qu'elle s'étend de plus en plus. Si l'on examine les racines des vignes malades, on voit que leurs extrémités les plus menues, les radicelles, sont renflées. Sur ces renflements se trouvent les phylloxéras, suçant les sucs du végétal à l'aide de leur trompe. Ils passeront de là aux racines plus fortes et moins tendres.

Ӿ

Observons maintenant l'insecte lui-même, car c'est un insecte ; il a deux paires d'ailes, six pattes, le corps divisé en trois parties ou articles ; sa trompe n'est pas enroulée comme celle des papillons, mais droite et articulée comme une sorte de tube. Lorsqu'il ne s'en sert pas, il la replie contre sa poitrine. La tête est légèrement inclinée sur le corps ; sur les côtés sont les yeux bruns, présentant trois facettes, et en avant les antennes, courtes et robustes.

On voit la femelle pondre, sans se déplacer, des œufs qui forment un petit tas autour d'elle. Et quels œufs, bon Dieu ! longs d'un quart de millimètre, et larges de la moitié de la longueur, la grandeur de la piqûre d'une aiguille très fine.

Quelques jours après la ponte, une larve sort de l'œuf ; elle

ressemble à sa mère, toute proportion gardée. Elle marche,
s'agite, se donne beaucoup de mouvement: plus qu'elle n'est

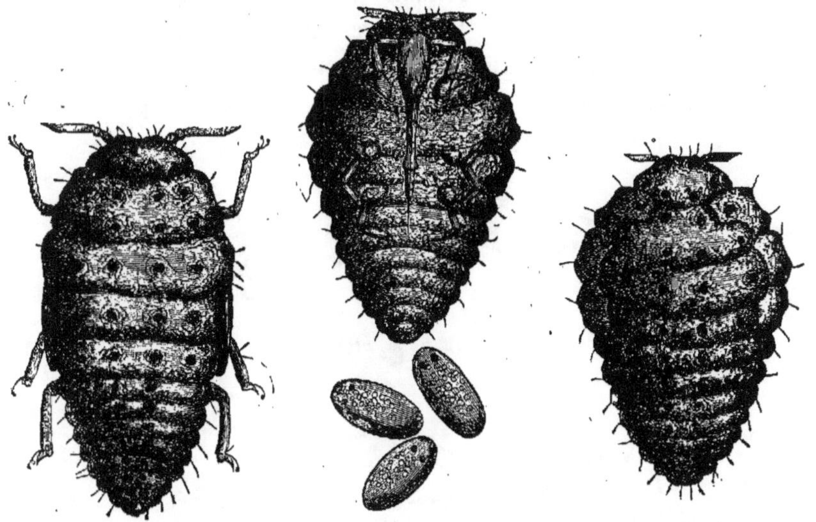

NYMPHE VUE EN DESSUS.   FEMELLE EN DESSOUS ET ŒUFS.   FEMELLE VUE EN DESSUS.

grosse. Au bout de quelques jours, elle se fixe sur un point
de la plante, y implante sa trompe, et reste là immobile,

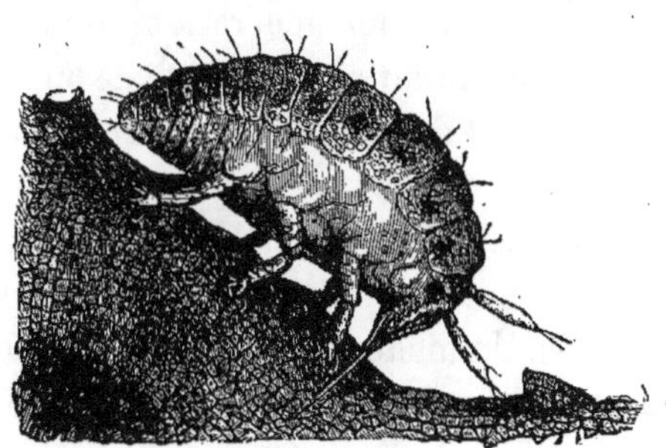

PHYLLOXÉRA SUÇANT UNE RACINE

aspirant le suc végétal, l'épuisant sur ce point, tout en su-
bissant des mues, c'est-à-dire changent de peau, à trois re-

prises dans l'espace d'une quinzaine de jours. Au bout de trois semaines environ, sans quitter la place, pompant toujours les sucs, elle pond une trentaine d'œufs, et les choses recommencent : les larves sortent de ces œufs; les générations se succèdent sans interruption, si la marche n'en est pas contrarié par la température et l'humidité, du printemps à l'au-

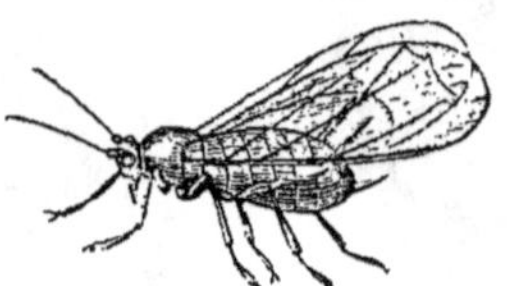

PUCERONS AILÉS.

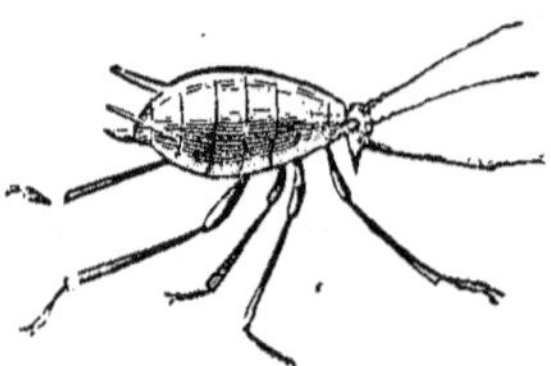
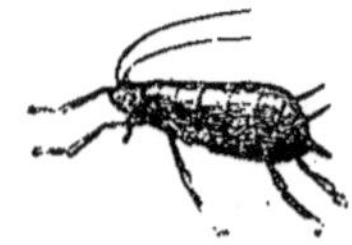

PUCERONS SANS AILES.

tomne, ce qui fait environ huit générations. A raison de trente œufs par femelle, cela ferait une postérité de 30 à 35 mil'ions de phylloxéras au bout de l'année si le nombre ne diminuait pas de plus en plus.

Il ne s'agit encore que des femelles sans ailes, et des femelles seules, qui sont tout à la fois vierges et mères et mettent au monde des œufs. Un mode analogue de reproduction existe chez d'autres pucerons : on y trouve des femelles vierges, mais celles-ci mettent au monde des petits vivants, nouvelles femelles également vierges et mères. Plusieurs générations se succèdent ainsi, tant que la température est assez douce, puis, lorsque vient le froid, naissent des mâles et des femelles qui s'accouplent. Les femelles pondent alors des œufs d'hiver, d'où,

au printemps suivant, sortiront les femelles vierges et vivi-
pares.

Les cochenilles — les femelles au moins — offrent un singulier spectacle : fixées sur les feuilles dont elles puisent les
sucs, elles pondent leurs œufs
et, après leur mort, les abritent
sous leur corps desséché,
comme sous une toiture protectrice. De ces œufs sortent
les larves qui se fixent à leur
tour sur les feuilles. Quelques
mâles naissent; viennent ensuite des générations de vierges fécondes, qui pondent des
œufs et non des petits (Maurice
Girard).

Outre les femelles de phylloxéra. sans ailes, il y en a d'ailées. Nous ne dirons pas plus
sveltes, mais moins trapues,
dont le vol est puissant. Celles-
ci ont des yeux de deux sortes
dont nous avons parlé plus
haut, qui leur permettent de
voir de loin et de très près.

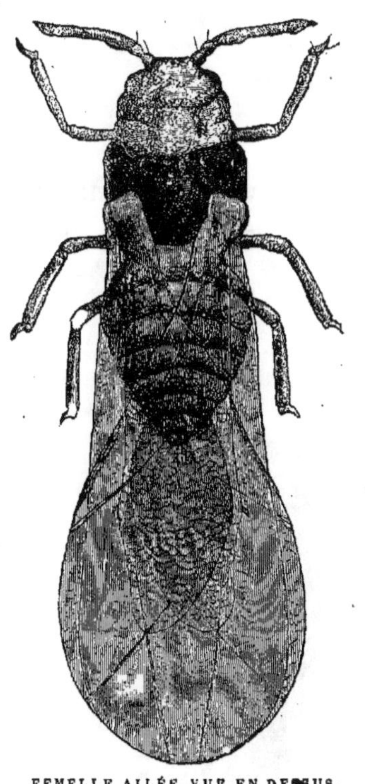

Tout est admirablement préparé, on le voit, pour la propagation et l'expansion rapides de ces petites bêtes malfaisantes. Dès que naissent ces femelles ailées, si le temps est
beau, elles s'élèvent, s'orientent, vont à la recherche de vignobles non encore envahis, sur lesquels elles s'abattent. Une
fois fixés, ces phylloxéras se servent de leurs yeux de myopes
pour choisir les points du végétal qu'ils veulent attaquer.

Des œufs pondus par ces dernières naissent des mâles

et des femelles sans ailes qui ne vivent que quelques jours, et, comme les papillons du ver à soie, ne mangent pas. Ils viennent au monde uniquement pour pondre un œuf relativement énorme, nommé *œuf d'hiver.*

Les savants nous ont appris que le phylloxéra ne se régénère et ne se propage, au moins d'une manière durable, que

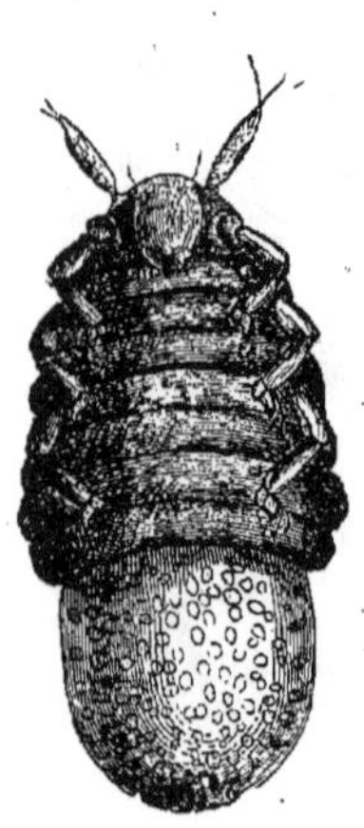

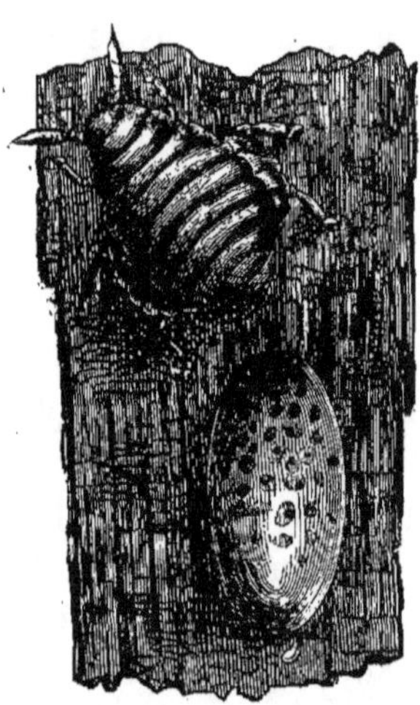

FEMELLE MORTE PENDANT
LA PONTE.

FEMELLE AYANT PONDU SON ŒUF D'HIVER.

par *l'œuf d'hiver.* Voilà une précieuse indication, car si l'on parvient à détruire cet œuf, on aura diminué de beaucoup la gravité du mal. Un grand nombre de moyens de destruction ont été proposés et il en est d'une efficacité réelle; malheureusement l'efficacité ne suffit pas, et si l'application n'en est pas facile, si elle exige l'emploi d'une matière coûteuse, il

n'en faut pas parler, car il s'agit ici d'opérer sur une vaste
étendue de territoire et sur des milliards de végétaux.

Il y a donc chez les phylloxéras des générations successives
de femelles : les unes sans ailes et qui ne s'éloignent pas des
points où elles sont nées ; les autres ailées et auxquelles leurs
ailes permettent d'émigrer ; enfin des mâles et des femelles
sans ailes. Celles-ci pondent les œufs d'hiver et la série recommence au printemps suivant. L'expérience a démontré
que les terrains sablonneux sont plus particulièrement pré-
servés. Le phylloxéra n'atteint pas ou atteint très difficilement les racines des vignes plantées dans ces sortes de terrains. Lors donc qu'il sera possible de modifier le sol et de
le rendre plus ou moins sablonneux, on diminuera l'étendue
du mal, si toutefois on ne parvient pas à l'extirper complètement.

L'expérience a également démontré que le phylloxéra est
détruit si l'on inonde les vignes en hiver et *tous les hivers,
pendant toute la durée de l'hiver*. On sait d'ailleurs que cette
pratique n'est pas nuisible à la vigne. Lors donc que l'inon-
dation sera possible, il n'y aura pas à hésiter. M. Faucon, de
Graveson (Bouches-du-Rhône), qui a préconisé ce moyen, a
pu conserver intacts ses vignobles.

※

Les vignerons croyaient d'abord que le mal ne tarderait
pas à s'arrêter. Le phylloxéra n'était pas, disaient-ils, la
cause, mais l'effet du mal ; il apparaissait lorsque la vigne
était malade ; en le détruisant, on ne ferait pas disparaître
la maladie. Il a fallu déraciner ce préjugé fatal, et on y est
parvenu, non sans peine. On ne doute plus aujourd'hui que
le phylloxéra est la cause et non l'effet.

D'abord, comme nous venons de le dire, la manière dont

la maladie se déclare sur un point et la propagation par
taches s'expliquent : l'insecte vient en volant s'abattre sur
un cep; il y fonde bientôt une colonie dont les nombreux
essaims gagnent de proche en proche, autour du point attaqué.

Ensuite, on ne saurait voir la cause du mal dans certaines
pratiques, telles que la taille, la fumure, le mode de culture,
ou encore dans la nature du sol, dans l'exposition, car le
phylloxéra a dévasté sans distinction les vignes soumises aux
pratiques les plus diverses et appartenant aux régions les
plus variées.

Si l'on constatait l'invasion sur certains points à la suite
de circonstances particulières, on s'apercevait bientôt que,
sur d'autres points, des conditions ou des circonstances
absolument différentes n'étaient pas moins favorables au
développement du mal.

Enfin, ni les intempéries, ni l'âge des ceps, ni le mode de
reproduction de la vigne ne sauraient être regardés comme
des causes du mal, car le phylloxéra a attaqué également les
cépages de tout âge, de toute provenance, vivant dans des
sols de toute nature, exposés ou non aux intempéries.

Ce sont là des faits contre lesquels ne sauraient prévaloir
ni les hypothèses, ni les idées préconçues. Le phylloxéra est
bien la cause du mal. Or, c'est quelque chose que de savoir
la cause; c'est même ce qu'il faut d'abord savoir, si l'on veut
arriver à détruire l'effet.

Le ténia ou ver solitaire.

La tête du ténia est une des curiosités qu'on observe au
microscope. Les crochets dont se sert cet animal pour s'a-
vancer à travers les chairs dans l'intérieur du corps de son
hôte sont disposés comme autant de rayons autour d'un
centre, et leur ensemble offre l'aspect d'une roue dentée. On

sait depuis longtemps que le prétendu ver solitaire n'est pas
toujours solitaire chez la personne aux dépens de laquelle
il vit, car plusieurs vers peuvent coexister chez la même personne. Ce ne sont plus dès lors des vers solitaires.

Le corps de ce parasite ressemble assez à un ruban de fil :
il est plat, mou, blanchâtre, et formé d'un grand nombre de
fragments ou articles identiques, de forme à peu près rec-

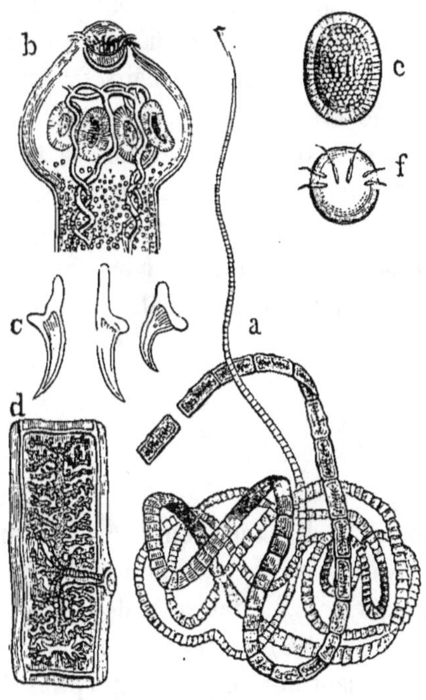

LE TÉNIA.

a, ténia entier. — b, sa tête. — c, les crochets isolés. — d, un des anneaux de son corps. —
e, œuf. — f, larve.

tangulaire. Chacun de ces segments est un être indépen-
dant, de sorte que ce qu'on nomme le ver solitaire est en
réalité une chaîne d'individus ayant une tête commune qui
les a tous produits. De chaque segment sortiront les œufs
qui donneront naissance à des ténias.

Les vers solitaires ne digèrent ni ne respirent; tout se borne pour eux à s'imbiber comme une éponge des liquides produits par la digestion des hôtes qui les abritent ; aussi se placent-ils dans le tube intestinal près de l'ouverture (*pylore*) par laquelle l'estomac communique avec les intestins. A mesure que le fluide nourricier pénètre dans le tube, le ver s'y plonge et l'absorbe ; il rend ensuite des matières impropres à la nutrition de la personne : aussi celle-ci dépérit-elle, bien qu'elle mange beaucoup. Tout le bénéfice du travail digestif est pour le ver parasite ; de nouveaux fragments s'ajoutent et le ver s'allonge et se développe dans les intestins. Pour l'extraire, il faut l'extraire en entier, la tête y comprise, sinon, tant que la tête existe, elle reproduit des articles. Bien que le ténia puisse acquérir une longueur de plusieurs mètres, il ne s'allonge pas indéfiniment, car les anneaux parvenus au terme de leur développement se détachent et sont rejetés au dehors.

▷◁

Le ténia n'a pas toujours existé sous cette forme de ruban qui lui vaut son nom. Il a vécu sous une autre forme lorsqu'il séjournait et vivait dans le corps d'un autre animal, porc ou bœuf. Il consistait alors en une sorte de vésicule nommée cysticerque, avec une saillie formant la tête. Comme les insectes, ces animaux subissent donc des métamorphoses ; mais, pour se tranformer, il leur faut changer de milieu ou d'animal, cysticerque dans le porc ou le bœuf, ver solitaire dans le corps de l'homme.

Comment s'opère cette succession de transformations ? Le voici : Le ver, avons-nous dit, est étalé dans la longueur de l'intestin, fixé au pylore à l'aide de ses crochets. Lorsque les fragments produisent des œufs, ceux-ci sont naturellement entraînés au dehors avec les résidus de la digestion. Ces œufs, qui ont de trois à quatre centièmes de millimètre, sont pourvus d'une forte coque qui leur permet de résister long-temps aux causes de destruction. Ils ne sont pas encore pon-

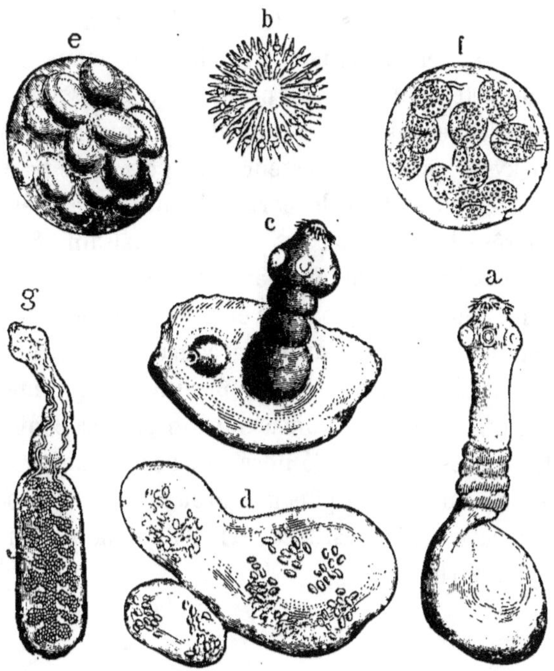

VERS SOLITAIRES DANS LEUR PREMIER ÉTAT

a, *cysticerque* de la ladrerie, sorti de son enveloppe. — *b*, sa couronne de crochets. — *c*, partie de *cénure* du mouton. — *d*, le même en entier. — *e*, vésicule d'*échinocoques*, autre variété de ténia. — *f*, une des vésicules grossie pour en montrer les têtes multiples. — *g*, ténia nain de l'échinocoque.

dus que déjà le germe s'est développé et montre ses crochets.

Il arrive qu'un jour ces œufs sont avalés par un porc avec les débris de toute sorte mêlés à sa nourriture. L'œuf est ainsi transporté dans l'intestin du porc; là il éclot, et l'animal qui en sort traverse les parois de l'intestin afin de se rendre dans l'épaisseur des chairs, où il élit domicile. C'est alors qu'il se sert de ses six crochets. Il rassemble deux des crochets et se précipite de toutes ses forces contre la cloison qu'il veut percer. Il heurte la paroi à plusieurs reprises, donnant de véritables coups de bélier. Enfin, il a ouvert un passage : alors il s'aide de ses autres crochets comme de pattes pour s'avancer, et recommence ce singulier manège jusqu'à ce qu'il ait atteint un endroit propice à son dessein. Il perd alors ses crochets désormais inutiles, s'enferme dans une coque ou kyste qui a la grosseur d'un pois et se transforme en un *cysticerque*. Dans le corps du porc, le développement s'arrête là. Le porc est *ladre* et malsain. Si le porc meurt, le cysticerque mourra avec lui, sans avoir subi sa seconde métamorphose, sans s'être transformé en animal parfait, en *ténia*, et sans avoir parcouru le cycle de ses évolutions. Mais si le porc sert de nourriture à l'homme, le cysticerque parvenu dans l'estomac humain perd sa coque, le suc gastrique la dissout, le voilà libre. Il s'accroche par ses nouveaux crochets beaucoup plus nombreux, se fixe par ses ventouses à la paroi de l'intestin et devient l'animal rubanné dont nous a vons parlé

✠

L'homme peut abriter deux ténias, celui du porc et celui du bœuf. Le ténia du chat a subi sa première transformation dans le rat ; c'est dans le corps du loup que se développe le cysticerque du mouton. On connaît la maladie du mouton nommée *tournis,* qui provoque chez ces animaux une sorte de vertige et les fait tournoyer sur eux-mêmes jusqu'à ce qu'ils tombent foudroyés ; eh bien, cette maladie est due à la présence de cysticerques dans le cerveau de cet animal. Si le mouton qui en est infesté est dévoré par un chien ou par un loup, le chien ou le loup aura le ver solitaire, chien et loup en rejetteront les œufs qui, mêlés accidentellement à l'herbe dont se nourrissent les moutons, absorbés par ces derniers, deviendront des cysticerques qui sont les causes du tournis. — Le cénure du mouton est de la grosseur d'une noix et porte de cent à cent cinquante bourgeons qui deviendront autant de vers solitaires.

Tous ces faits ont été scrupuleusement vérifiés par l'expérience ; on a pu suivre pas à pas la marche et le développe-

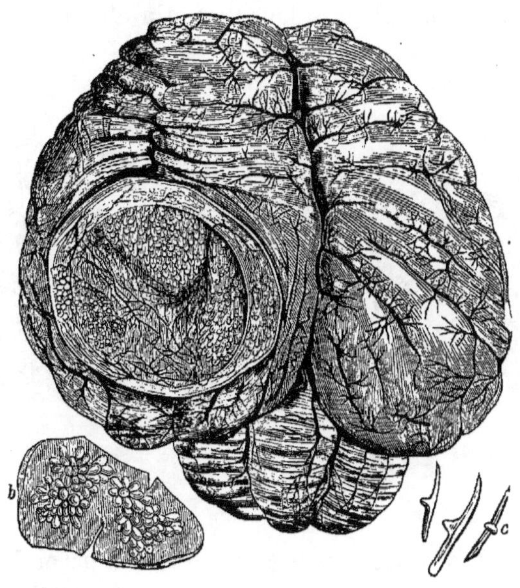

a, cerveau de mouton renfermant un cénure. — *b*, partie du cénure. — *ç*, crochets isolés d'une tête.

ment de ces singuliers animaux, et se convaincre que, si étranges que soient leurs mœurs et leurs instincts, ils n'en sont pas moins réels. Le ver solitaire n'est pas d'ailleurs le seul animal à métamorphoses dans divers milieux, il existe tout un groupe de parasites qui ont des manières de vivre analogues.

Les trichines.

Les trichines, qui ont fait quelque bruit, il y a plusieurs années, à l'occasion de la maladie nommée *trichinose*, qu'elles déterminent, ont aussi une existence en plusieurs actes et dans le corps de divers animaux. Ce sont des vers *ovovivipares*. Les femelles, logées dans l'intestin d'un porc, donnent

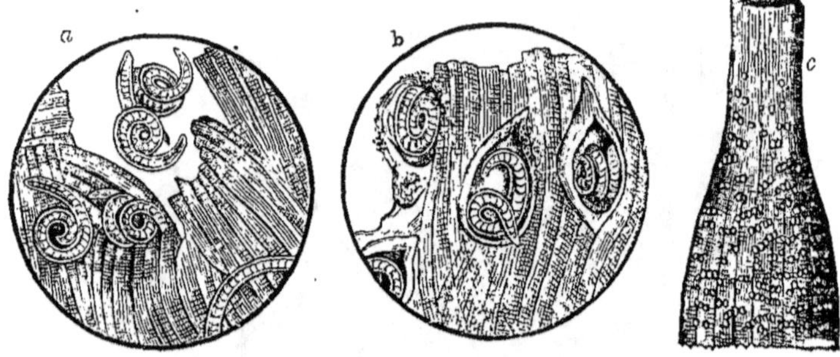

a, trichines libres. — *b*, trichines dans leurs kystes. — *c*, fragment de muscle infesté de trichines.

naissance à des larves. Celles-ci traversent la paroi de l'intestin et gagnent la chair musculaire, où elles s'établissent et s'enveloppent chacune d'une coque charnue qui n'a guère qu'un millième de millimètre !

Vient-on à se nourrir d'un porc infesté de trichine, aussitôt ces vers sortent de leurs enveloppes, se développent, deviennent adultes, achèvent leur évolution. Ils causent alors de profondes altérations dans les chairs. Les muscles sont pâles, parsemés de petits points blancs, sans consistance, ayant perdu toutes leurs propriétés. La personne atteinte de trichinose ressent dans toutes les parties du corps des douleurs très vives accompagnées de fièvre, et un grand nombre d'autres symptômes.

Les anguillules du vinaigre, de la colle, du blé niellé.

Rapprochons de la trichine ces vers qu'on rencontre dans le vinaigre, dans la colle, dans le blé niellé et qu'on nomme des *anguillules*. A une certaine époque, leur apparition a pu faire croire à des observateurs superficiels que la génération en était spontanée. Dans du vinaigre sain, de la colle fraîche, on ne voit aucune trace de ces animaux ; puis, au bout d'un certain temps, lorsque les germes sont venus et se sont développés, les anguillules apparaissent. Il n'y a rien là qui doive nous surprendre plus que dans l'apparition des trichines. Tout animal vient d'un œuf, il subit ou non des transformations à sa sortie de l'œuf. A son tour, il pond des œufs ou donne naissance à des êtres qui lui ressemblent plus ou moins, mais il suffit de bien chercher pour connaître le point de départ ou les métamorphoses.

L'avantage que présentent ces animaux dans les projections, c'est qu'on peut les observer vivants. On les voit s'agiter, se tordre, brûler et mourir sous l'action du foyer électrique qui éclaire le microscope.

ANGUILLULE.

Outre les maladies dues à des parasites végétaux, le blé est encore atteint de la nielle; c'est ainsi qu'on nomme une véritable galle produite par des anguillules (Davaine). Sur le même épi, le nombre des grains attaqués est variable, quelquefois la totalité. La galle est formée aux dépens de la fleur, mais elle peut aussi se développer sur les feuilles.

Prenez un grain malade, coupez-le, vous distinguez une écorce noirâtre, et, à l'intérieur, une fine poussière blanche. Délayez cette poussière dans un peu d'eau, regardez maintenant au moyen du microscope, vous allez être témoins d'un phénomène curieux : les grains apparents se développent, se déroulent, et sont en réalité des filaments. Puis tout rentre dans le repos. Après un certain temps, les filaments ou plùtôt les anguillules, pour les appeler par leur nom, semblent se réveiller, elles ressemblent à de petites anguilles ou à de petits serpents, s'enroulent, se déroulent, font onduler leur corps, d'abord avec lenteur, puis avec des mouvements de plus en plus vifs. Leur nombre est prodigieux ; aussi se mêlent-elles, s'entrecroisent-elles de cent manières ; c'est un tourbillonnement incessant et désordonné, une agitation extraordinaire et tumultueuse qui dure quelquefois des mois entiers.

Les grains niellés sont donc des réceptacles d'anguillules qui restent en léthargie tant qu'elles n'ont pas été mouillées. Si l'on sème ces grains, l'humidité de la terre suffit pour que le phénomène dont nous venons de parler se produise : le grain se gonfle, puis crève, et les anguillules, mises en liberté, se mettent en marche pour aller à la recherche des grains qui ont déjà germé. Elles grimpent sur la tige comme à un mât de cocagne, et attendent que la fleur développée leur fournisse un lieu propre à leur évolution. Elles grandissent, se développent, parviennent à l'âge adulte, pondent des œufs d'où sortent de jeunes anguillules qui sont enfermées dans la galle. Alors elles meurent, après avoir ainsi assuré la perpétuité de leur espèce.

Les larves enfermées dans leur coque au nombre de dix, quinze, vingt mille, vont attendre dans leur état léthargique les conditions de leur vie. Elles resteront ainsi de deux à trois mois et pourraient d'ailleurs rester davantage. Mais, chose singulière, les anguillules qui leur ont donné naissance ne peuvent vivre desséchées comme leurs enfants. Elles ne reviennent pas à la vie lorsqu'on les a soumises à la dessiccation, tandis que les larves mises au sec rentrent dans l'immobilité et reviennent à la vie si on les baigne et chaque fois qu'on les baigne.

Les daphnies. — Les cypris.

Voici de petits crustacés qu'on peut observer vivants. Ce sont les daphnies et les cypris. Les daphnies fréquentent les eaux stagnantes, les étangs, les bassins de nos serres chaudes où végètent des plantes aquatiques. Ces animaux ont la forme d'amandes irrégulières ; ils sont revêtus d'une sorte de coquille ou carapace. On distingue une tête avec d'assez gros yeux, des antennes en faisceau, quatre paires de pattes, plus une paire de pattes natatoires. La taille varie de deux à quatre millimètres. Ils s'élancent par bonds plutôt qu'ils ne nagent, ce qui donne à leurs mouvements quelque chose de saccadé et de vif.

Les cypris ressemblent aux daphnies pour la forme et pour les dimensions ; la carapace est en deux parties, comme une coquille à deux valves. Ils vivent également dans les mares et les eaux stagnantes.

Le corail.

Ces rameaux pierreux, bizarrement contournés que l'art du joaillier transforme en bijoux variés, sont l'œuvre d'un infiniment petit des plus gracieux et des plus élégants. La perle de corail, de corail rose surtout, ne lance pas les étincelles du diamant ; elle n'a pas la douceur froide et les contours secs de la turquoise, ni les lueurs sombres du grenat, ni les feux vifs du rubis; elle n'a pas non plus l'éclat triste et voilé de l'améthyste, ni les chatoïements fastueux de l'opale ou la splendeur de l'émeraude. Douce de ton, molle dans les contours, et comme satinée à la surface; plus douce encore d'aspect si elle n'est pas d'une rondeur géométrique; si, légèrement aplatie, elle ressemble à un fruit gonflé de sucs que des doigts légers ont mollement pressé. Les autres gemmes ont

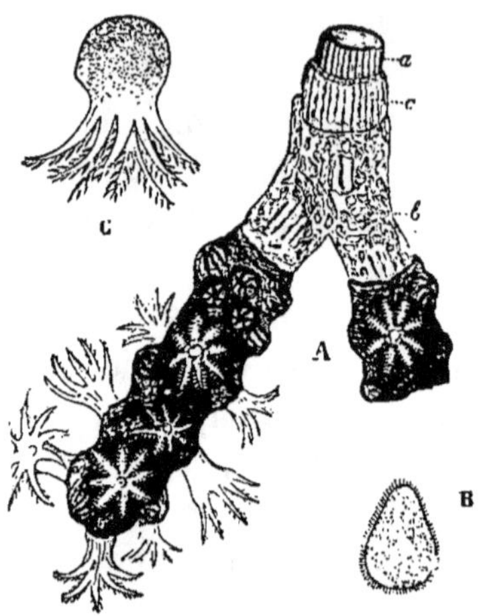

A, branche de corail, — a, axe pierreux. — b, c, enveloppes formées de vaisseaux ; la partie noire est l'enveloppe vivante commune ; on voit des polypes épanouis et des polypes clos. — B, larve, 1ʳᵉ forme. — C, larve, 2ᵉ forme.

conservé leur caractère pierreux; ils ont l'aspect dur, anguleux; des formes régulières, des facettes polies, des arêtes nettes; en un mot ils sont d'une raideur géométrique et se détachent durement. Le corail, au contraire, se noie dans la chair sur laquelle il repose et dont pourtant il se distingue, mais rien de heurté : c'est la chair même de la chair détachée.

Malgré tant de qualités, combien le bijou est inférieur en beauté et en grâce au petit animal qui en a élaboré la matière

première ! Il faut le voir, dans les parties peu profondes des
mers tièdes où il vit, dans la Méditerranée, par exemple, sur
les côtes de l'Algérie, où il s'épanouit librement et fonde de
nombreuses colonies. A travers l'eau transparente, on distingue

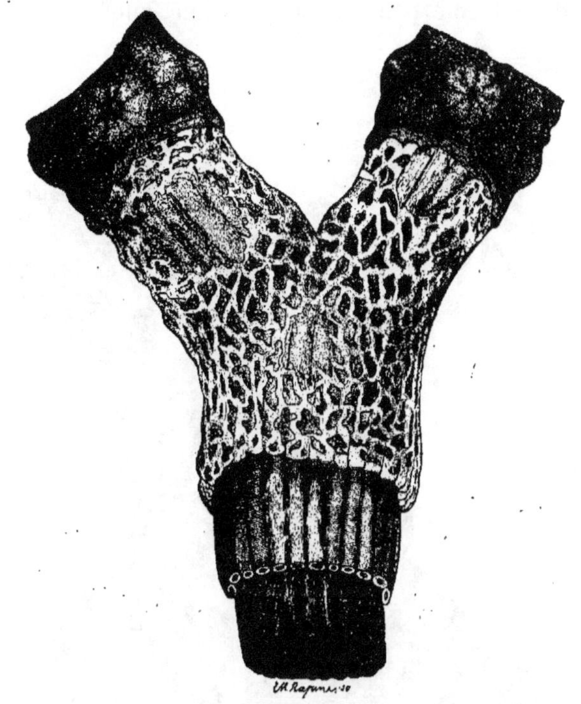

BRANCHE DE CORAIL TRÈS GROSSIE.

les gracieux arbustes dont les rameaux semblent couverts de
fleurs. Une ruse divine donne à l'animal l'apparence d'une
fleur microscopique à huit pétales barbelés, sa blancheur
diaphane contraste avec la couleur rose de son support. Complètement épanouie, elle a tout au plus quatre millimètres.

Cette fleur apparente est en réalité un animal, un polype.
Ces faux pétales sont des tentacules, c'est-à-dire des membres,
membres souples, élastiques, qui s'allongent ou se replient

sur eux-mêmes. Au milieu est un petit mamelon percé en son centre. C'est la seule ouverture du petit-être, sa bouche si l'on veut, et cette bouche s'ouvre et se ferme. Elle s'ouvre lorsque les aliments amenés par les tentacules pénètrent, puis elle se ferme pendant la digestion ; elle s'ouvre pour la

AUTRE FRAGMENT DE CORAIL, CONSIDÉRABLEMENT GROSSI POUR MONTRER
LA NAISSANCE DE LA LARVE AINSI QUE LES POLYPES CLOS.

sortie des résidus de la digestion, elle s'ouvrira encore, lorsque le moment sera venu, pour laisser sortir les œufs ou les larves. Le corps est fixé par sa base à la tige, dont il est pour ainsi dire la continuation. C'est un tube ou un sac divisé à l'intérieur par de minces cloisons en huit loges, autant que de tentacules : c'est l'organisation animale dans sa plus simple expression.

Ces fleurs animées ne sont pas plus indépendantes que les fleurs d'un végétal. Ce ne sont pas des êtres isolés ; une sorte d'écorce vivante, molle, qui enveloppe l'axe pierreux, est le lien qui les unit. Dans cette couche circulent les vaisseaux qui mettent en rapport tous les êtres de la colonie, chacun vit pour tous et tous vivent pour chacun. C'est une véritable communion de la vie matérielle.

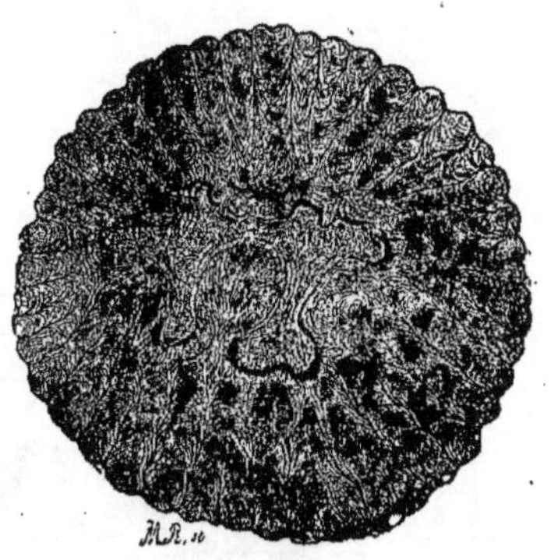

SECTION D'UN BRANCHE COUPÉE EN TRAVERS.

La couleur rose ou rouge de la chair du corail lui vient des nombreux corpuscules pierreux très irréguliers, d'un rouge vif, dont les dimensions atteignent tout au plus sept centièmes de millimètre.

Comment le corail se reproduit-il ? comment ces arbrisseaux animés naissent-ils d'une larve ? Ici encore on remarque une nouvelle analogie avec la plante, car le corail naît d'un œuf, comme la plante naît d'une graine, et sur les rameaux naissent, comme autant de bourgeons, les fleurs de corail.

L'œuf du corail n'est pas pondu. La larve en sort pendant qu'il est encore dans le sein de la mère. On voit cette dernière à travers la membrane transparente du corail : elle est blanche, en forme d'œuf ou de poire, couverte de cils.

Après un assez long séjour à l'intérieur du corps de sa mère, la larve sort par l'ouverture unique. Pendant ses mouvements, sa forme varie singulièrement ; elle s'allonge en fil,

se ramasse sur elle-même ou se contourne comme un ressort.
Elle se met en marche, la bouche en arrière et lorsqu'elle
se heurte contre'un obstacle, comme un rocher, elle y adhère.
Alors la base se renfle, s'aplatit, se creuse ; un bourrelet se

POLYPIER PIERREUX DE MADRÉPORE.

forme et se transforme bientôt en couronne de tentacules.
En même temps, l'animal se colore en rose tendre. Dans sa
marche rétrograde, le polype se fixe donc le plus souvent
l'ouverture dirigée vers le bas, comme les fleurs du fuchsia.

Sur un point du polype, les fluides nutritifs s'amassent,
un nouveau polype apparaît, semblable au premier, comme
un bourgeon sur une plante. Puis, sur celui-ci, d'autres prennent naissance. Le nombre des individus augmente toujours,

la colonie se développe, tandis qu'à l'intérieur les corpuscules pierreux forment l'axe solide du polypier. Ainsi qu'on voit le tronc des arbres durcir à l'intérieur et devenir le *bois parfait* tandis qu'une sorte d'étui de bois tendre et vivant, l'*aubier*, l'enveloppe, le tronc minéralisé du corail est recouvert de

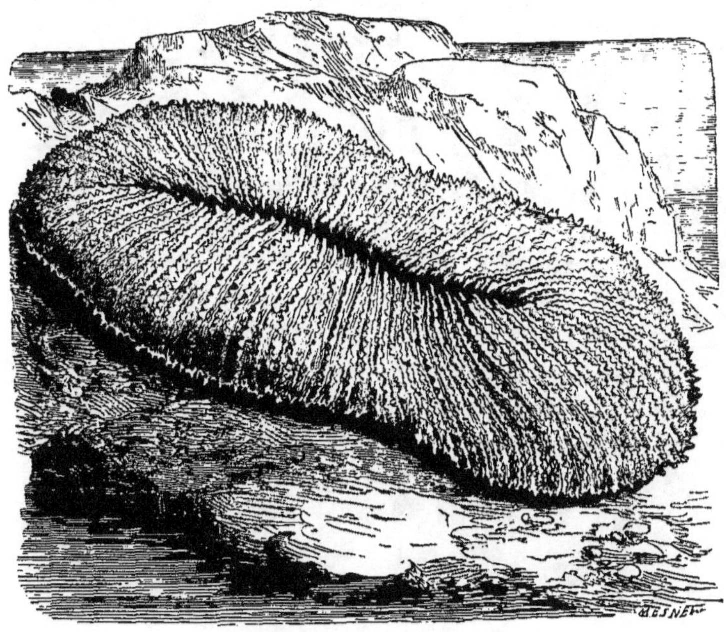

POLYPIER PIERREUX DE FONGIE.

l'écorce animale charnue et vivante. Toutes les apparences tendent à faire croire qu'il s'agit d'une plante : graines et bourgeons comme moyens de reproduction, axe mort entouré d'une partie vivante, fleurs apparentes épanouies ou fermées, le polype est un animal qui imite la plante.

Il existe un grand nombre de polypes qui, comme le corail, produisent des polypiers pierreux, les *madrépores*, les *fongies*.

Certaines parties des mers en sont peuplées et la masse des
constructions qui en résulte donne naissance à des récifs dangereux. Dans certains cas, les polypes se développent sur les
bords circulaires de cratères, recouverts par les eaux; ils

MÉDANDRINE CÉREBRIFORME.

s'élèvent peu à peu, formant une couronne vivante, jusqu'à
ce qu'ils atteignent la surface de l'eau. Ils cessent alors de se
développer, s'incrustent et ne laissent après eux que le polypier qui affleure. C'est ainsi que se forment les îles madré-
poriques ou *attols*, sortes de lacs enfermés dans des enceintes
circulaires de pierre.

On voit souvent autour des couronnes de polypes encore
vivants des bandes de poissons qui les dévorent comme des
troupeaux de bestiaux au pâturage.

La multiplication de ces infiniment petits est si rapide, que

MÉDUSE CÉPHÉE CYCLOPHORE.

par leur nombre ils suppléent à leur petitesse. Dans certains détroits, comme celui de la Floride, ils pullulent à tel

point que la navigation dans ces parages n'est pas sans présenter de danger.

Les méduses.

Parmi les polypes les plus intéressants à étudier se trouvent les méduses. Bien que ces animaux soient assez grands,

leurs œufs appartiennent au monde des infiniment petits.

Lorsqu'on fait un voyage en mer, on peut voir, flottant à la surface des eaux, ces animaux, en forme d'ombrelles, ou de champignons, portant suspendus au-dessous de l'ombrelle de nombreux appendices de formes variées. C'est une masse gélatineuse translucide ou opaque, avec des reflets opalins.

La lumière en se jouant à la surface de cette masse engendre
un arc-en-ciel mouvant. Toutes les couleurs de l'iris se succèdent, se déplacent, disparaissent, pour renaître et s'é-
teindre tour à tour.

On a quelque peine à croire que des effets de lumière aussi
gracieux et aussi éclatants puissent être obtenus à l'aide

d'éléments aussi simples et aussi grossiers. Ainsi, on voit à
la surface des eaux croupies, d'une bulle de savon, de la
nacre, de brillants anneaux colorés qui résultent de la décomposition de la lumière blanche par les lames minces.

De l'œuf d'une méduse sort une larve bordée de cils très fins. Cette larve se meut pendant quelque temps, puis elle se fixe, se développe, s'allonge, se transforme en un polype sur lequel naissent d'autres polypes comme des bourgeons sur un arbre. Au bout d'un certain temps, sur la même tige poussent de nouveaux bourgeons qui cette fois deviennent des méduses. Ces méduses se détachent comme des fleurs qui rompraient leur tige, vivent indépendantes, tandis que le polype fixe continue son existence.

Les méduses libres produiront des larves qui se transformeront en polypes, lesquels donneront naissance à des méduses. Ainsi se succèderont les générations alternantes d'œufs, de polypes et de méduses indépendantes.

Infusoires. — Microzoaires. — Protozoaires.

Prenez une pincée de foin ou de mousse, mettez-la dans l'eau, laissez-la séjourner, macérer; en un mot, faites une *infusion*. Si vous examinez alors une goutte de cette eau au microscope, vous y pouvez voir le plus souvent quelques-uns de ces petits animaux qu'on nomme des *infusoires*.

On devine qu'il doit s'en trouver dans toutes les eaux du globe, et particulièrement dans les eaux stagnantes. On les trouve en effet dans les mares, les étangs, les lacs, les ruisseaux où pullulent des plantes aquatiques, mais ils sont également répandus dans la mer, sur la terre et dans l'air. Dans les plaines les plus basses ou sur les hauts sommets, sur les glaciers mêmes; sur le tronc des arbres, dans l'herbe des prairies et jusque dans l'intérieur du corps des animaux. Aucun point du globe ne leur est inaccessible, et là où la vie semble disparaître, par suite des conditions défavorables, l'animalcule vit encore. Il semble indifférent au froid et à la chaleur, et supporte sans mourir des températures extrêmes auxquelles aucun autre animal ne saurait résister.

On confond sous cette appellation unique d'infusoires la foule des êtres les plus petits, et qu'on pourrait nommer les in-

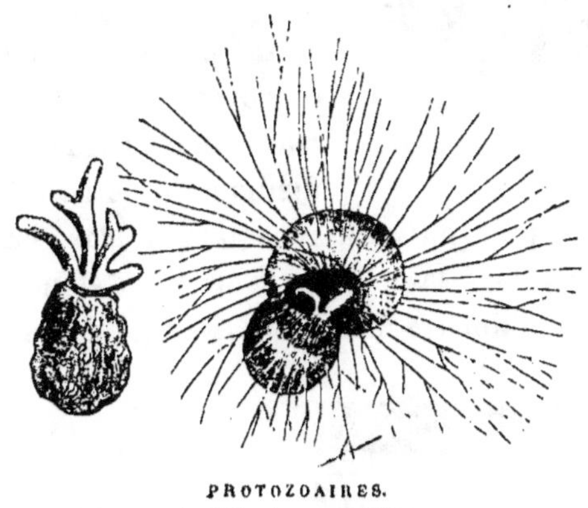

PROTOZOAIRES.
1. Difflugie. — 2. Miliole.

finiment petits. Ces êtres ne sont pourtant pas moins variés que ceux que nous voyons de nos yeux; il convient de les nommer *microzoaires* (petits animaux) ou *protozoaires* (premiers animaux), selon qu'on les réunit d'après leur taille ou leur organisation élémentaire.

On ne les rencontre pas tous dans les mêmes lieux; ils vivent dans des régions différentes où les conditions d'existence sont différentes, tout comme les grands animaux. Si petits qu'ils soient, ils ont leur place marquée, leur habitat de prédilection, où ils vivent et se développent plus ou moins, selon que les conditions leur sont plus ou moins favorables. Les uns habitent les ruisseaux dont la surface nous est perfidement cachée par les innombrables lentilles qui forment un magnifique tapis d'un vert cru et où se balancent les

conferves chevelues; d'autres vivent dans cette poussière à reflets d'iris qui recouvre certaines eaux stagnantes; d'autres

NOCTILUQUES.

peuplent les mers, qu'ils illumi-
nent parfois de lueurs phos-
phorescentes (*noctiluques*).

Tous ces êtres sont petits,
mais ils diffèrent de petitesse :
il n'y a pas moins de variété
de taille chez eux qu'on n'en
rencontre chez les gros animaux. Depuis la monade qu'on
distingue à peine à l'aide des
microscopes les plus puissants, jusqu'au volvox géant, il y a
tous les degrés dans la petitesse; l'échelle s'étend de deux
millièmes de millimètre à deux dixièmes de millimètre,

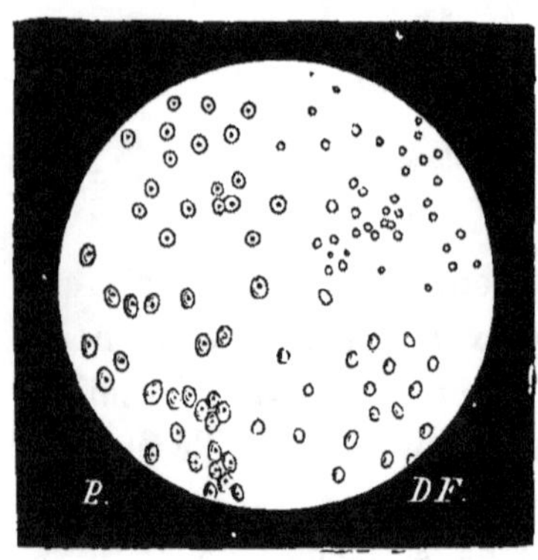

MONADES.

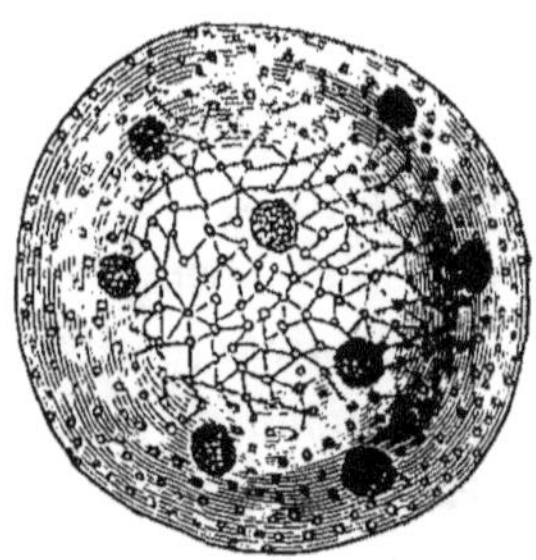

VOLVOCE.

et pourtant nous ne sommes pas encore parvenus à voir les
plus petits.

La forme de ces petits êtres n'est pas moins variée que leur
taille : voici le *protée* ou *amibe* sans forme déterminée, qui
sous les yeux de l'observateur prend incessamment des formes
nouvelles : il était plus ou moins arrondi ou oblong, puis

tout à coup on le voit se créer des appendices, qui sont pour lui comme autant de membres. Mais à peine a-t-il montré ces

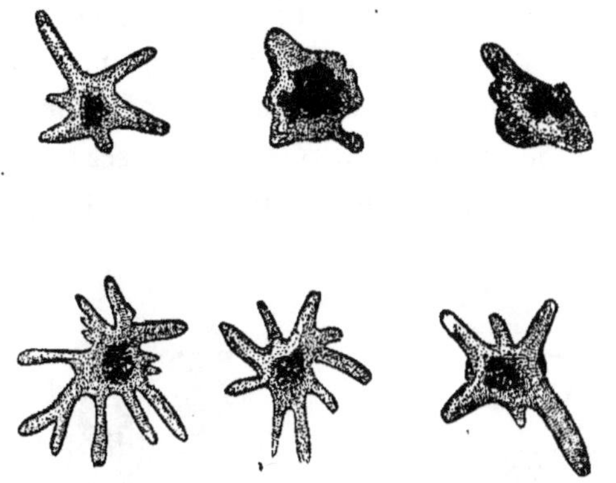

membres improvisés, qu'il les rentre dans son corps, les fait disparaître, et laisse l'observateur tout surpris de cette métamorphose inattendue. Impossible de saisir cette molécule

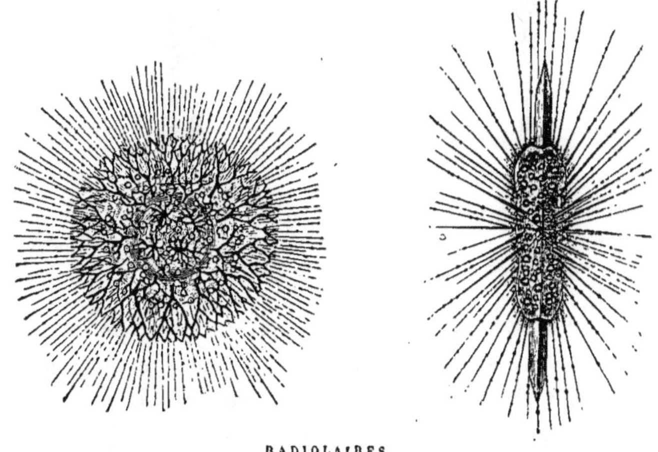

animée dans un état de repos et affectant une forme invariable; sa vie n'est qu'un changement perpétuel. Son nom est bien *protée*.

La *monade*, au contraire, resté invariablement sphérique ;
c'est la molécule vivante, c'est-à-dire l'organisation la plus
simple unie à la forme la plus régulière. Nous sommes au
début de la vie. La matière commence à s'animer. Vient ensuite l'élégante *paramécie*, en forme d'amande plus ou moins
régulière ; puis le *kolpode*, qui ressemble assez à un haricot,
bombé d'un côté, légèrement creux sur le côté opposé ; les
bactérions, droits, rigides comme de petits bâtonnets, les

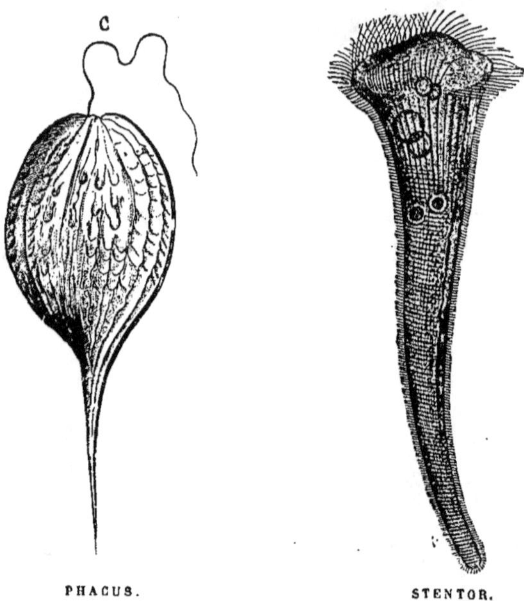

PHACUS.   STENTOR.

vibrions, mobiles, vibrants, ondulants comme de petits serpents agiles ; les *vorticelles*, semblables à des fleurs campa-
nulées portées sur des tiges flexibles et contractiles ; le *Stentor* en forme de corne d'abondance, etc. Ils ne sont pas d'une
couleur uniforme, mais, au contraire, tantôt transparents et
incolores comme les monades et les paramécies, tantôt parés
des tons les plus riches comme les euglènes.

Leur chair est molle, blanchâtre, transparente, élastique

et contractile. Chez les infusoires proprement dits, on ne distingue aucun organe, leur corps semble formé d'une masse homogène; chez d'autres, on remarque tous les détails d'une organisation quelquefois savante. C'est là qu'on voit, comme dit Pascal, dans la petitesse du corps des éléments plus petits encore; des organes où l'on distingue diverses parties, des vaisseaux où circulent des liquides, et, dans les liquides, des corpuscules solides ou gazeux qui y sont en suspension, et sans doute dans ces derniers d'autres plus petits encore, qu'aucun instrument n'a pu faire découvrir, mais que révèlera le microscope de l'avenir. On le voit, il n'est pas toujours nécessaire de se déplacer pour faire une découverte. Il suffit d'une vue plus puissante, d'un regard plus perçant.

Les infusoires se nourrissent d'autres infusoires, et il n'est pas rare de voir, grâce à la transparence des tissus, dans une grosse monade, une monade plus petite, qui en contient elle-même une autre plus petite encore. Dans ce monde si curieux on s'entre-dévore; nul n'est à l'abri d'un plus grand que soi. Observez le manège de cet animalcule qui s'approche d'un autre : il le touche; le contact devient plus complet, il se creuse pour le mieux envelopper, il le recouvre en grande partie, et maintenant qu'il l'a enveloppé aux trois quarts, le plus petit pénètre

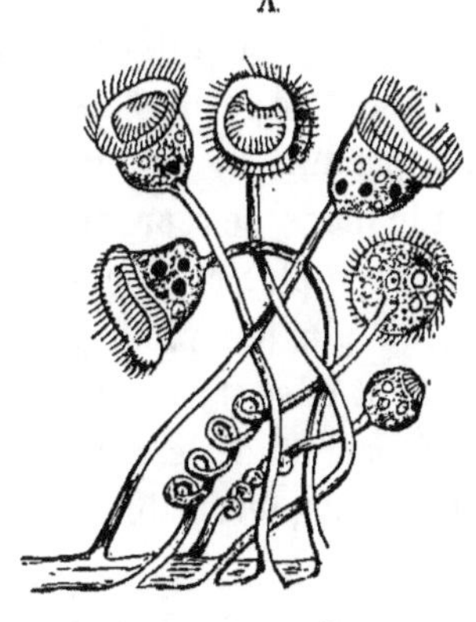

VORTICELLES.

dans l'intérieur du plus grand, qui se referme sur lui comme s'il s'était ouvert pour se laisser pénétrer. Les voici maintenant l'un dans l'autre, jusqu'au moment où le petit se fondra pour ainsi dire dans le grand.

Si l'on observe le kolpode, on voit pénétrer dans son estomac, par une sorte de bouche qui se trouve dans le milieu concave de son corps, les monades, les bactéries, les vibrions dont il fait sa nourriture, puis expulser par une autre ouverture, placée à la grosse extrémité de son corps, le résidu de la digestion. Ainsi font un certain nombre d'animalcules.

Tout ce monde s'agite, se meut, vibre, frétille, court, nage, ondule dans tous les sens, souvent avec une grande vitesse, si l'on tient compte de la petitesse des animalcules et des obstacles qu'ils rencontrent, car ils sont parfois si nombreux qu'ils se touchent. A les voir si nombreux et si agités, on croirait qu'ils se meuvent dans un espace considérable. La goutte d'eau qu'on observe semble s'étendre à mesure qu'elle se peuple et prend dans notre imagination des proportions énormes. C'est par milliers qu'on les compte quelquefois, et ce nombre énorme surprend moins lorsqu'on est témoin de la rapidité prodigieuse avec laquelle ils se multiplient. Un seul d'entre eux peut donner naissance à une multitude.

Ils naissent de germes ou d'œufs comme les autres animaux; ils se reproduisent également par des bourgeons. Le plus souvent le mode de reproduction est des plus simples. Observez, par exemple, ce bactérion : voyez-le s'amincir en son milieu, de plus en plus, jusqu'à ce que les deux moitiés se détachent et se séparent. Ce sont maintenant deux animalcules au lieu d'un; le père s'est dédoublé en deux enfants qui, à leur tour, feront bientôt comme leur père.

On peut voir les kolpodes se multiplier par des moyens analogues, sinon semblables : tandis qu'ils vont et viennent dans la goutte d'eau, ils semblent tout à coup avertis par un instinct secret et s'arrêtent, se replient sur eux-mêmes, en

rapprochant leurs extrémités, et se ramassent en boule à la
manière des cloportes. Ils se mettent alors à tourner sur eux-
mêmes très rapidement, et tandis qu'ils tournent, de leur

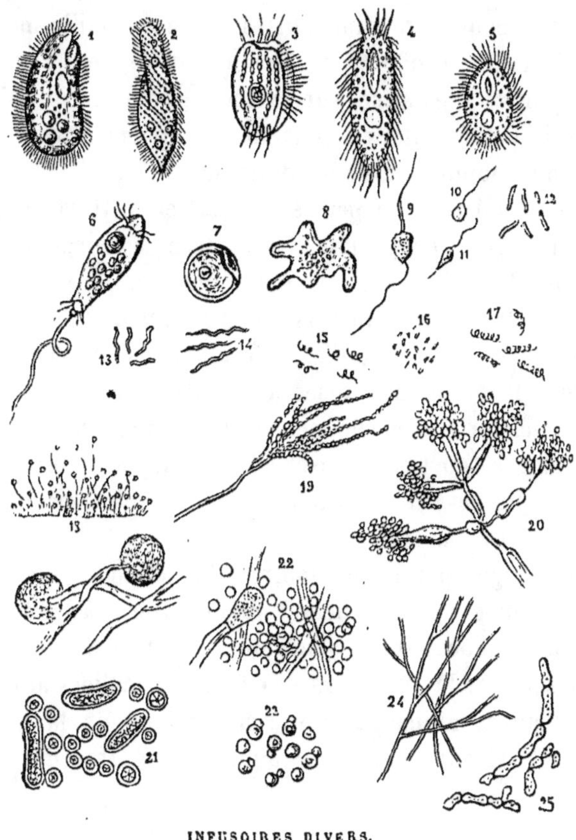

corps suinte une matière qui forme une sorte de peau tout
autour : il est *enkysté* et désormais immobile. C'est une première phase de la vie du kolpode. Pour examiner la seconde, il
faut prendre un kolpode enkysté et desséché depuis un temps
plus ou moins long. On l'humecte et on le voit renaître comme
le phénix de la fable. Il tourbillonne dans l'intérieur de son

enveloppe, se divise en deux kolpodes qui tournent à leur tour et indépendamment, puis ceux-ci en deux autres, et quelquefois en un nombre plus grand, sans que le mouvement s'arrête un seul instant.

Dans leur coque commune, ils se livrent à mille mouvements divers, se renflent, s'allongent, se replient sur eux-mêmes, puis se précipitent sur la coque, heurtant jusqu'à ce qu'elle soit percée. Alors ils sortent l'un après l'autre et vont se mêler à la population de la gouttelette.

Ce que le microscope permet de voir en petit, la nature nous le présente en grand. A la surface des corps, sur les feuilles, les branches, et l'écorce des arbres, sur l'herbe sèche, dans la vase des marais, se trouvent des légions de kolpodes. Ils sont là immobiles, enfermés dans leur coque jusqu'à ce que la pluie ou la rosée les rende à la vie. Alors ils rompent chacun son enveloppe, vivent jusqu'au moment où leur instinct les porte de nouveau à s'envelopper pour fuir la sécheresse. Ils passent ainsi tour à tour par ces périodes de vie et de mort apparente.

On peut juger par là du nombre des kolpodes répandus dans le monde et de la difficulté qu'on éprouve à les écarter dans les expériences sur la génération spontanée.

Ce ne sont pas là d'ailleurs des faits particuliers aux kolpodes ; d'autres animalcules se multiplient de la même manière et vivent également d'une façon intermittente.

Lorsqu'on les voit ainsi se reproduire par des modes divers, on ne s'explique pas la nécessité de recourir à l'hypothèse de la génération spontanée. Tout porte à croire, au contraire, qu'ils ne font pas exception à la règle générale, et les expériences faites avec des précautions suffisantes ne laisseront pas subsister de doute à cet égard.

Il est bon de se rappeler qu'on admettait autrefois la génération spontanée des petits animaux, et, plus tard, celle d'animaux plus petits encore, et que de nos jours on ose à peine
parler de celle des animalcules microspiques. A mesure qu'on
observe plus attentivement et qu'on voit plus nettement les

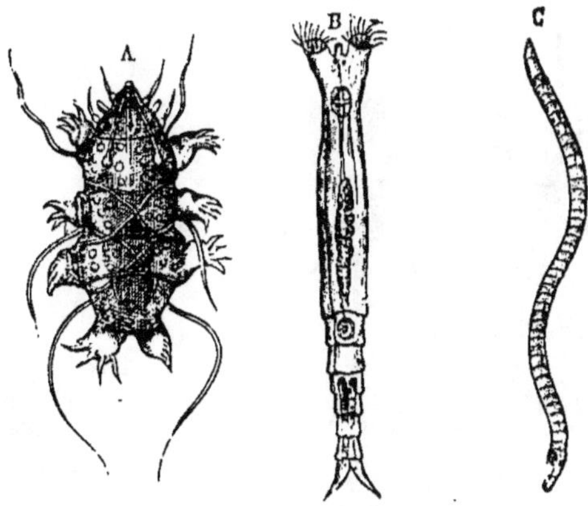

A, tardigrade. — B. rotifere. — C, anguillule.

phénomènes, cette hypothèse perd de sa valeur. Chaque pas
fait en avant par la science la fait rétrograder, et elle est
maintenant réfugiée dans le monde des infiniment petits,
jusqu'à ce que ce monde soit aussi connu que l'autre.

Les kolpodes comme les anguillules, les tardigrades qui
vivent pendant qu'ils sont humides et cessent de vivre lorsqu'ils sont desséchés et en quelque sorte momifiés, font partie
des animaux dits ressuscitants. Leur vie peut rester ainsi
suspendue pendant un temps plus ou moins long. Il ne fau-
drait pas toutefois conclure de là l'immortalité de l'animal,
car l'animal peut bien dépenser par portions ce qu'il a de vie
en lui, et vivre en plusieurs actes, avec des entr'actes plus ou

moins longs, mais il ne saurait accroître la durée de son existence, qu'il vive ou non d'une manière continue.

La maladie repoussante qu'on nomme *gale,* qui se traduit par l'apparition de nombreux petits boutons qui causent une très vive démangeaison, est due à un acare, nommé sarcopte

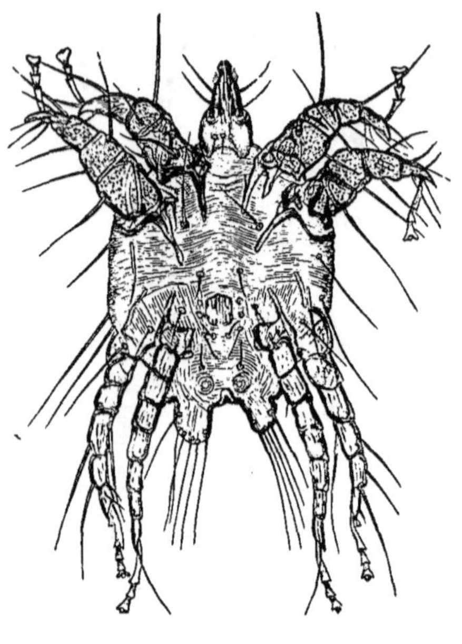

SARCOPTE DE LA GALE.

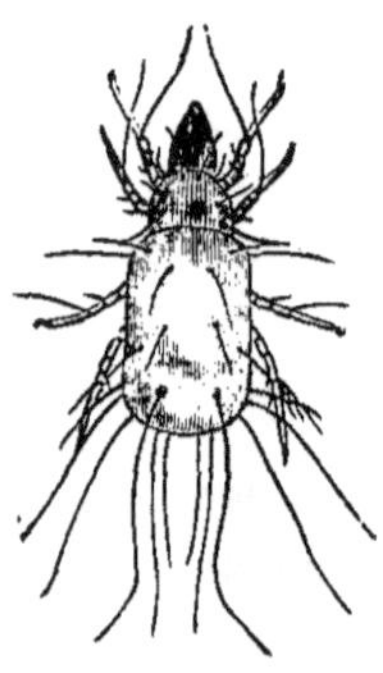

ACARE DU FROMAGE
DE GRUYÈRE.

de la gale, voisin du tardigrade. Il est à peine visible à l'œil nu, car il n'atteint pas un millimètre de long. Il choisit de préférence, pour se loger dans le corps de l'homme, le voisinage des articulations, la base des doigts, le poignet, etc. Là, ces animaux se creusent une petite galerie pour y pondre leurs œufs, et c'est ce travail de mineur en chair humaine qui cause la démangeaison.

Il existe un acare du cheval, un acare du chien, etc. On trouve également un acare dans le fromage de gruyère; le tardigrade est un acare de la mousse des toits.

Tous ces animalcules se rapprochent des araignées par leur forme et par leur organisation. Ils sont pourvus de huit pattes à l'état adulte, mais ils ne les possèdent pas toujours dans le jeune âge. Outre les pattes, ils portent de nombreux appendices assez semblables à de longs poils.

Un fait non moins curieux que la vie intermittente de ces animaux, c'est leur résistance vitale dans des circonstances particulières. Ainsi, tandis qu'on les tue en les soumettant à une température de 50 degrés, ils peuvent impunément supporter une température de 130 degrés si l'on a soin de les dessécher préalablement et de les soumettre à cette température élevée pendant leur léthargie.

Tout est curieux, tout est étrange et mystérieux dans ce monde des infiniment petits : la naissance et la mort, le mode d'existence, de développement et de reproduction. La nature est loin d'avoir épuisé ses ressources avec les grands animaux; on la retrouve ici aussi féconde, aussi nouvelle, aussi ingénieuse dans ses procédés qu'au début. Le problème de la vie est varié de cent, de mille manières, et chaque fois résolu par des moyens imprévus. Les données sont changées, les conditions sont différentes, qu'importe? la solution ne se fait pas attendre et elle cause toujours autant d'étonnement que d'admiration.

Ce qu'il y a dans un morceau de craie.

Il est peu de substances plus répandues à la surface de la terre que celle que, sous des noms divers, on appelle craie, marbre, coquilles, etc., et que les chimistes nomment *carbonate de chaux*, dénomination qui offre le précieux avantage de faire connaître les éléments qui composent la substance dont il est question.

Il suffit de laisser tomber sur un morceau de craie quelques gouttes de vinaigre, ou de jus de citron, pour voir se produire

aux points attaqués par le liquide une sorte de bouillonnement ou d'effervescence. Ce sont de nombreuses et petites
bulles de gaz qui sortent de la craie, comme on les voit s'é-
chapper des vins mousseux et des eaux gazeuses dont elles
contribuent à former la mousse. Le gaz qui se dégage est de
l'acide carbonique. Il y en a donc dans la craie, et c'est ce

UNE PARCELLE DE CRAIE DE MEUDON.

que les chimistes ont voulu faire connaître à l'aide du mot
carbonate. L'acide carbonique se trouve associé ou *combiné*
avec la *chaux*, et de là vient le nom technique de la craie.

Les mots *carbonate de chaux* ont donc sur les mots craie,
marbre, etc., l'avantage d'indiquer de quoi la craie ou le marbre sont composés. On peut toutefois être surpris au premier
abord de voir des corps si différents d'aspect, de poids et
de structure composés des mêmes éléments. Si la coquille
d'œuf et le bâton de craie diffèrent peu quant à l'aspect, ils

différent beaucoup du marbre, qui présente une texture plus
serrée, plus compacte et cristalline, qui est en outre plus
lourd, et peut être poli. Ces corps ont pourtant la même
composition et le marbre n'est rien autre que du carbonate
de chaux cristallisé. Si l'on prend, en effet, de la craie, qu'on
la mette dans un vase en fer, un canon de fusil par exemple,

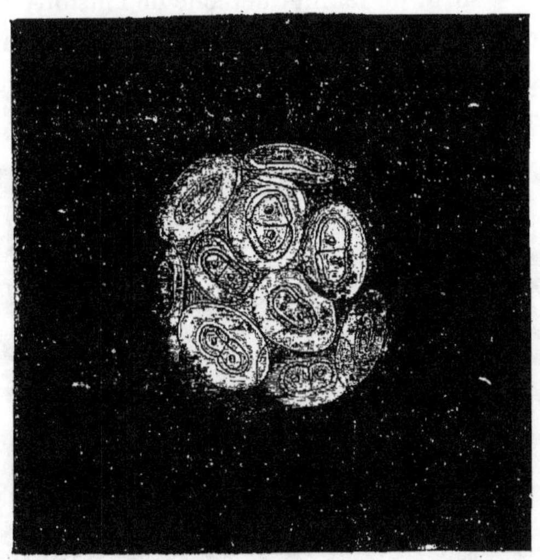

COCOSPHÈRES. — Grossissement 1000.

hermétiquement clos, et qu'on la chauffe fortement, on parvient à la fondre ; si on la laisse alors refroidir, on trouve un
morceau de marbre à la place de la craie. C'est ainsi qu'ont
pu se passer les choses dans la nature. On trouve en effet dans
l'intérieur de la terre des couches de craie dont la partie
inférieure est transformée en marbre, sans doute parce
qu'elles se trouvaient plus près du foyer, qui les a modifiées.

Mais ce n'est ni pour sa composition chimique, ni pour ses
usages qu'il doit être ici question de la craie. Nous avons à

l'examiner au microscope pour y retrouver les corpuscules
élémentaires dont elle est composée, débris d'animaux et de
végétaux infiniment petits, dont les bancs de craie sont pour
ainsi dire les ossuaires; cela seul suffit pour comprendre toute
l'importance d'un semblable examen et tout l'intérêt d'une
pareille analyse. Les couches de craie nous apparaissent alors
comme une sorte de feuillet détaché de l'histoire de la terre.
Les débris d'êtres organisés, les corpuscules variés, semblables aux hiéroglyphes qui révèlent l'histoire de l'Égypte,
nous renseignent tout à la fois sur les origines de la craie et

ORBULINE.

sur la longue suite de siècles qu'a exigée la lente formation
des immenses assises de cette roche qui entrent dans la
composition de la croûte terrestre.

L'examen d'une gouttelette d'eau dans laquelle on a dé-
layé une très faible quantité de craie, nous montre, mêlés à
des spicules d'éponge, des corps semblables à des coquilles,
de formes variées, et d'autres réguliers comme des cristaux
ou des figures géométriques.

Ces constructions délicates, mille fois plus petites qu'un grain de mil, sont percées à jour comme de la dentelle, et laissent voir à l'intérieur leurs cloisons planes ou circulaires, contournées en hélice ou en spirale. Elles sont l'œuvre d'animalcules analogues aux infusoires, les uns vivants, les autres fossiles. On les nomme *foraminifères*, ce qui signifie que leurs coquilles sont percées de nombreux trous. Comme les infusoires, ils sont formés d'une sorte de gelée vivante, mais, de plus que ceux-ci, ils sont enveloppés d'une croûte pierreuse. Chaque foraminifère à peine perceptible sécrète, comme les mollusques, le carbonate de chaux dont il se revêt et qu'il moule sur lui-même : il crée ainsi ces coquilles élégantes et gracieuses qui, malgré leur exiguïté, montrent une étonnante richesse de détails.

Les bancs de craie sont en partie formés des débris de ces coquilles, mais on trouve des foraminifères vivants ou morts ailleurs que dans la craie : le sable des mers en est presque uniquement composé, et pour juger de leur ténuité, et par conséquent de leur nombre, qu'il nous suffise de dire que les dimensions de ceux dont nous parlons varient de un à cinq dixièmes de millimètre, qu'un gramme de sable peut en contenir jusqu'à cent cinquante mille, que telle pierre extraite des carrières de Gentilly en contient des millions, que les pierres qui entrent dans la construction des pyramides d'Égypte n'en contiennent pas moins, et qu'il n'est pas jusqu'aux grandes chaînes montagneuses, comme les Alpes, les Pyrénées et l'Himalaya, qui n'en soient formées en partie.

Lorsque, après des milliers d'années, on retrouve ces coquilles intactes, avec leurs contours nets, leurs arêtes vives, leurs angles aigus, leurs pointes acérées, on est profondément surpris de voir tant de résistance associée à tant de fragilité. On s'étonne d'une conservation si parfaite, qui atteste et la lenteur et la régularité des dépôts.

Voici le plus simple des foraminifères, la *globigérine*, en forme de globe criblé de trous à travers lesquels passent, de son vivant, les tentacules ou filaments dont l'animal se sert pour

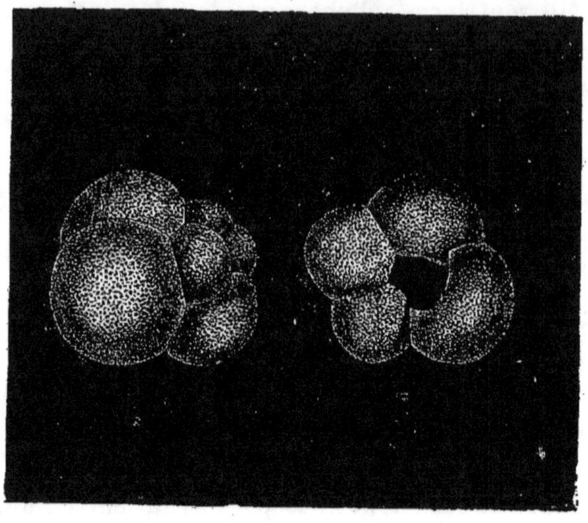

GLOBIGÉRINES.

se mouvoir. Sur cette boule une autre plus grande s'est développée, puis une troisième plus grande encore, de sorte que l'ensemble ressemble au fruit de la ronce. On trouve des globigérines vivantes au fond de l'Atlantique, à des profondeurs considérables, là où l'on supposait qu'il n'y avait plus d'êtres vivants; on en a trouvé dans l'intérieur du corps d'étoiles de mer recueillies par la sonde à des profondeurs de plusieurs kilomètres. Au fond de l'Atlantique la craie continue à se former à l'aide d'éléments semblables à ceux qui ont formé celle que nous utilisons aujourd'hui.

La *rosaline* est une coquille enroulée sur elle-même, éga-

lement percée de nombreux trous qui livrent passage aux
filaments transparents qui sont les membres de l'animal.

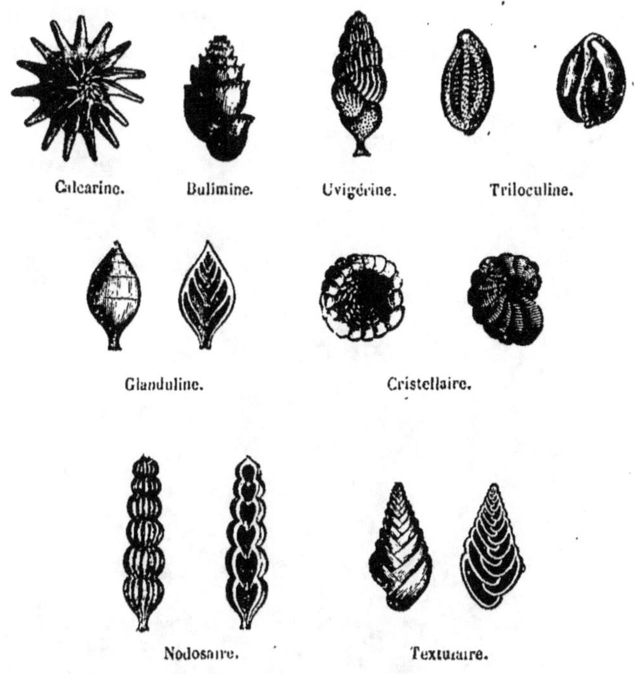

La *nodosaire* est semblable à une baguette noueuse, la *tri-
loculine* est composée de trois parties ou loges; la forme de
la *glanduline* rappelle celle d'un gland; la *cristellaire* ressemble à une coquille de planorbe; la *textulaire* rappelle par
sa forme une natte de cheveux, etc.

Non moins répandues que les foraminifères et souvent mêlées
à ceux-ci, sont les *polycystinées*, dont la taille est encore plus
petite, ce qui fait qu'elles ont longtemps échappé aux micro-

graphes et qu'elles sont restées inconnues. Les causes de destruction sont pour ainsi dire sans action sur elles, car leur coquille, ou leur *test*, est formée d'une substance plus résistante que le carbonate de chaux, la silice ou la matière

ETOILE DE MER.

dont se compose le sable. Le sable est d'ailleurs en grande partie constitué par leurs débris. On les trouve dans les mers du nord et du sud, mêlées aux foraminifères et à des végétaux primaires, les *protophytes*, dont il va être question. Les polcystinées ont contribué aussi à former dans les temps géologiques des dépôts considérables, eu égard à la ténuité des débris dont ils sont composés, et dont la formation a dû exiger des milliers de siècles.

Les diatomées.

Avec les protozoaires dont nous venons de parler, mêlés à eux, se trouvent les protophytes, qui occupent parmi les végétaux le rang qu'occupent les foraminifères parmi les animaux. Le nom de *protophytes* signifie premières plantes, c'est-à-dire les plantes les plus élémentaires, celles dont l'organisation et les fonctions sont les plus simples. Grâce à l'enveloppe siliceuse dont elles se recouvrent, ces plantes peuvent résister d'une manière presque absolue à toutes les causes de destruction. Aussi les trouve-t-on à peu près partout, dans les eaux douces et salées, vivantes ou fossiles, et dans ce dernier cas en parfait état de conservation.

Parmi les protophytes se trouvent les *diatomées* qui, comme l'indique leur nom, se divisent en fragments ou articles régu-

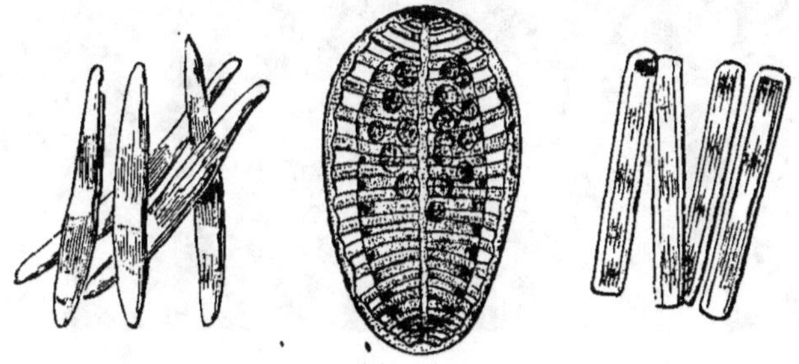

CARAPACES SILICEUSES D'INFUSOIRES VÉGÉTAUX.
a, navicules. — *b*, surirelle. — *c*, bacillaires.

liers; aussi pourrait-on les nommer des végétaux articulés. Chaque article est formé de deux plaques siliceuses, entre lesquelles se trouve la matière vivante, dont la couleur, d'un jaune brun verdit, en général après la mort.

Les diatomées marines le sont exclusivement; on ne les trouve pas dans les eaux douces, et réciproquement. Toutes recherchent de préférence les rochers, les pierres, les terrains lavés par les eaux; aussi trouve-t-on les espèces d'eau douce

sur les margelles des bassins et les degrés des cascades de nos
parcs, ainsi que sur les pierres des fontaines. Dans les régions
polaires antarctiques elles revêtent les glaçons récemment

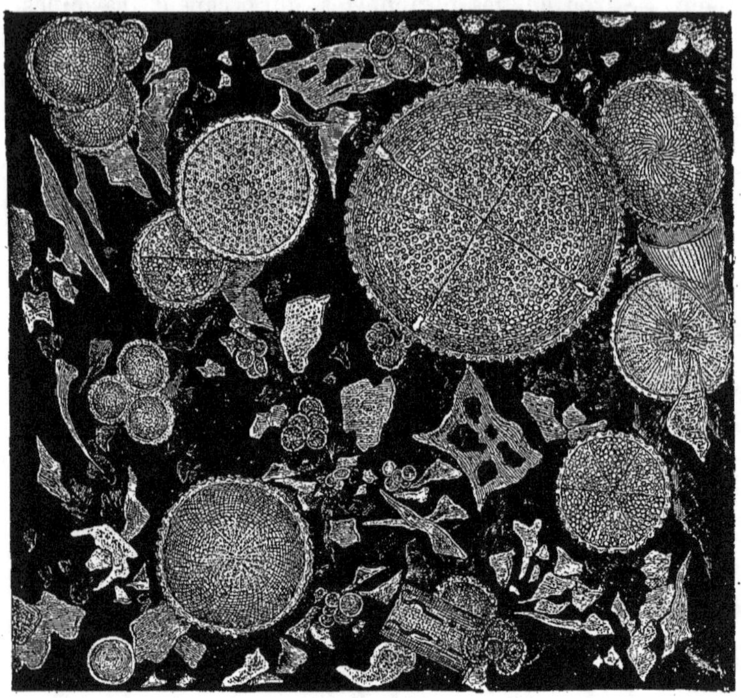

DIATOMÉES DIVERSES

formés d'une teinte jaunâtre. Il en existe sur les pentes sous-
marines de l'Érèbe, qui élève son sommet volcanique à une
hauteur de près de quatre kilomètres au-dessus des champs
de glace du pôle sud. On s'explique ainsi comment les cendres
des volcans peuvent contenir des diatomées, car les eaux de
la mer pénétrent sans doute par des fissures dans la cheminée
volcanique.

On en a trouvé également dans ces prodigieux amas d'ex-
créments d'oiseaux de mer qui forment le guano. Ces oiseaux

se nourrissent de poissons, qui ont eux-mêmes trouvé ces diatomées dans leur nourriture. Ces êtres singuliers circulent à travers les divers organismes, sont transportés par les vents et les cours d'eau, et, malgré tant de pérégrinations et de séjours des plus variés, se conservent inaltérables. Aussi tous les dépôts anciens et modernes, la craie, les terres fossiles, en renferment un nombre incalculable d'espèces différentes.

Ces êtres sont si ténus que, pour les voir même au microscope, il faut multiplier le grossissement et grandir des dessins qui sont déjà des représentations photographiques obtenues à l'aide du microscope.

La présence d'une assez grande quantité d'organismes microscopiques dans certaines terres donne à ces terres une valeur alimentaire, et explique comment quelques peuplades se nourrissent de terre. Au nord et au sud, dans les contrées déshéritées qui avoisinent les pôles, on trouve des mangeurs de terre. M. d'Archiac raconte qu'en 1833 un paysan de Degersfors (Laponie suédoise) découvrit, en abattant un arbre, une matière terreuse qui fut mélangée avec de la farine de seigle, puis pétrie et cuite au four comme du pain. Cette matière est principalement siliceuse, mais elle contient un cinquième de matière animale ou végétale et le microscope y a montré des corps organisés divers.

Lors donc qu'on parle de mangeurs de terre, il faut s'entendre et ne pas croire qu'il s'agit d'une terre uniquement minérale. Cette terre renferme une proportion notable de substances alimentaires provenant d'animaux ou de végétaux.

Cette autre terre de couleur jaune plus ou moins rougeâtre qu'on nomme *tripoli* est composée presque uniquement de fragments (*frustules*) de *galionnelles* et d'autres diatomées. Son nom lui vient de ce qu'on la tirait à l'origine du pays de

Tripoli ; mais on en rencontre en Italie, en France, en Bohême.
C'est dans ce dernier pays, à Bilin, que le célèbre micrographe
Ehrenberg a reconnu pour la première fois l'origine du tri-
poli. Ces parcelles de diatomées sont siliceuses et leur dureté

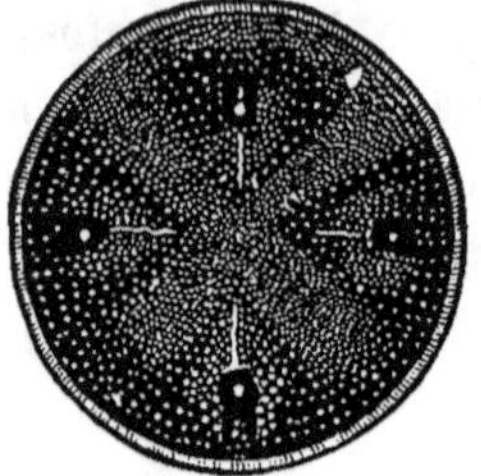

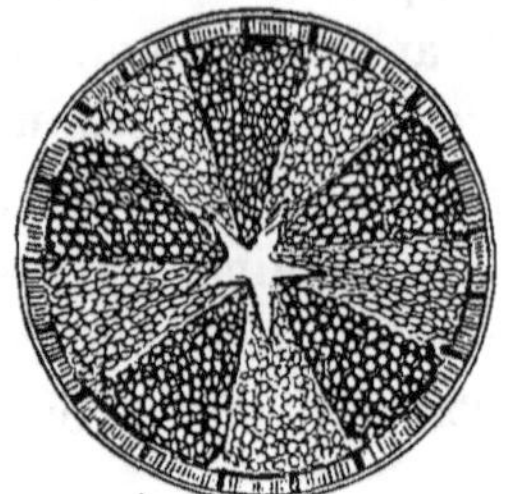

DIATOMÉE ONDULÉE.   DIATOMÉE (*heliopelta*).

explique l'emploi qu'on en fait pour polir certaines pierres,
le verre, certains métaux. On l'emploie seule ou mêlée au
soufre, délayée dans l'eau ou dans l'huile. Si l'on se souvient
de l'extrême petitesse des parcelles de diatomées, on conçoit
qu'il doive s'en trouver un nombre incalculable et pour ainsi

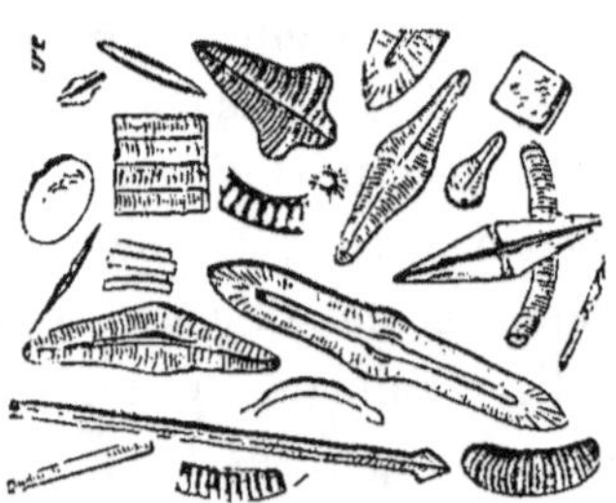

NAVICULES DU TRIPOLI.

dire infini dans le moindre dépôt de tripoli. On en a compté
de deux à trois milliards dans un centimètre cube et par conséquent plus du double dans un dé à coudre. Un gramme
n'en contient pas moins de vingt-sept millions. Que doit en
contenir la seule couche de Bilin, qui a quatre mètres d'épaisseur et s'étend sur une large surface (Lyell) !

Nous avons cité également les spicules d'éponge parmi les corps associés aux précédents dans la formation de la craie et de couches analogues. Ceci nous amène à parler des éponges elles-mêmes.

Les éponges.

Parmi tant de gens qui se servent d'éponges pour les usages de la toilette ou du ménage, combien peu connaissent l'ori-

ÉPONGE ORDINAIRE.

gine de cet être singulier! Ces corps irréguliers, jaunâtres, formés d'une sorte de feutrage souple, élastique, sont pour ainsi dire la charpente, — nous dirions le squelette de l'animal si un pareil animal avait un squelette. —Ce tissu, qui constitue l'éponge usuelle, était recouvert d'une sorte de gelée épaisse et transparente pendant la vie de l'animal. Plongée dans l'eau, l'éponge s'en imbibe ; elle en retient une partie dans ses pores ; une légère pression de la main suffit pour la vider. C'est un réservoir portatif qu'on remplit aisément et qu'on vide de même ; c'est en même temps un tissu flexible et résistant. Ces qualités expliquent comment l'usage en est devenu commun.

✠

Les éponges sont loin d'être des infiniment petits, mais pour leurs germes, c'est autre chose : les uns sont semblables aux larves des méduses, les autres aux spores des champignons.

Nous sommes ici sur les confins des deux règnes, le végétal et l'animal. On ne sait pas au juste duquel des deux font partie les éponges, car l'éponge ne se meut pas, et sa sensibilité est bien peu apparente. Ajoutons que leurs formes sont variées, irrégulières, individuelles et souvent bizarres.

Or rapprochons cet animal inerte et presque insensible de l'algue, dont la graine se meut ; ne voyez-vous pas que l'éponge est bien près de ressembler au végétal, tandis que l'algue emprunte aux animaux certains de leurs caractères ; les deux règnes sont sur le point de se confondre et la ligne de démarcation est bien près de disparaître.

Si l'on regarde une éponge avec attention, on verra que les trous dont elle est criblée ne sont pas identiques ; qu'il y en a de grands et de très petits. Or, pendant que l'animal vivait fixé sur son rocher et plongé dans la mer, l'eau pénétrait à l'intérieur par les tout petits, tandis qu'elle sortait par les grands. Ces deux courants distincts d'entrée et de sortie étaient provoqués par ce qu'on nomme des cils vibratiles, sortes de poils microscopiques constamment en mouvement.

Les aliments dont se nourrit l'éponge pénètrent avec l'eau, et le résidu de la digestion est évacué avec les courants contraires.

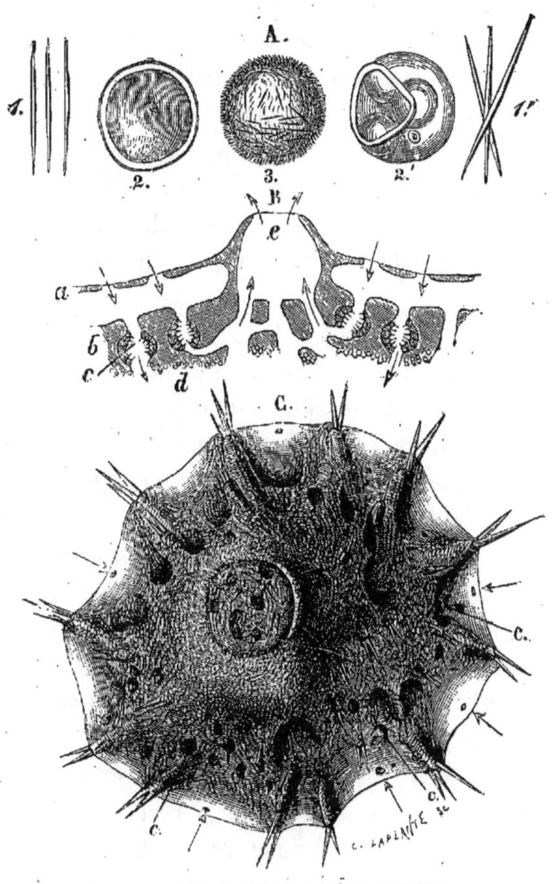

SPONGILLE OU ÉPONGE D'EAU DOUCE.

A : 1,1′, spicules. — 2, œuf d'hiver. — 2′, le même ouvert. — 3, ovule mobile. — B : coupe de l'éponge pour montrer l'intérieur. — a, substance molle. — b, feutrage de spicules. — c, chambres. — d, couches de corps reproducteurs. — e, ouverture commune. — Les flèches indiquent la direction des courants. — C : Spongille vue en dessus. — c, c, ouvertures des chambres ; au milieu est l'ouverture de sortie. — Les flèches indiquent les ouvertures d'entrée.

A certaines époques, par les grandes ouvertures sortent les germes ou œufs de l'éponge. Ce sont de petits corps arrondis pourvus de cils vibratiles à l'aide desquels ils se meu-

vent comme les larves de méduse. Ils courent, s'agitent,
semblent chercher un lieu propice, et finissent par se fixer
sur quelque rocher. A partir de ce moment,
comme les méduses et le corail, ils vont grandir, devenir éponges, cest-à-dire ce qui corres-
pond au polypier, peut-être un polypier même.
A l'intérieur se développera le tissu feutré dont
nous faisons usage, avec quelques corpuscules
de nature calcaire entremêlés. C'est la partie
morte de l'animal, répondant au noyau pierreux du corail.

SPICULE
D'ÉPONGE.

Telle est l'éponge de mer. Il y a aussi une éponge d'eau
douce qui ne produit pas le tissu qui fait la valeur de l'éponge
marine; aussi n'est-elle pas connue du public.
Elle possède néanmoins une charpenté composée d'aiguilles microscopiques siliceuses
qu'on nomme des *spicules*. Ce sont là les spicules qu'on trouve en grand nombre dans la
craie, où ils affectent la forme de fuseaux.

SPICULES.

Pendant l'été, l'éponge d'eau douce pond des germes blanchâtres, en forme d'œufs, semblables aux graines mobiles des
algues et munis de cils à l'aide desquels ils nagent. En hiver,
elle rejette des corpuscules arrondis, de couleur jaune, et
qui contiennent des corpuscules plus petits encore, qui sont
des germes d'éponge. Ces derniers résistent aux intempéries : ils se conservent malgré le froid et la sécheresse et de
cette manière rien ne s'oppose à la prodigieuse multiplication
de ces éponges. On ne saurait donc être surpris de l'infinie
multitude de spicules qu'on trouve non seulement dans la
craie, mais dans un grand nombre de dépôts : à Ceyssat (Puy-
de-Dôme) une terre siliceuse en est formée en grande partie;
à Tours, sur les coteaux de la rive droite de la Loire, se
trouve, sur plusieurs mètres d'épaisseur, une sorte de terre
blanchâtre qui est remplie de spicules visibles à l'œil nu :

aussi la terre est-elle rude et piquante à la main. On en trouve encore sur plusieurs points en Algérie, en Bohême, etc. Ces spicules se trouvent quelquefois engagés dans certaines pierres précieuses, comme les agates dites *mousseuses*, qui ont un aspect tout particulier, auquel elles doivent leur nom.

Ferments

Un enfant sait qu'on fait le pain avec de la farine, et le vin avec des raisins; mais il y a loin de la pâte obtenue avec de la farine et de l'eau à la pâte destinée à devenir du pain, après son passage au four. L'intervalle est grand aussi entre le jus du raisin et le vin. La pâte de farine doit fermenter pour devenir du pain après la cuisson, et le jus du raisin doit également subir une fermentation pour se transformer en vin. La bière, l'eau-de-vie, les liqueurs spiritueuses sont également le résultat d'une fermentation.

Qu'est-ce donc que la fermentation?

Voulez-vous vous en rendre compte, voyez ce qui se passe lorsque le raisin a été mis dans la cuve, que le liquide sorti des grains est resté livré à lui-même : un bouillonnement se produit, comme si le liquide était sur le feu. Si l'on recueille le gaz qui se dégage, on constate que c'est l'acide carbonique. En même temps, le liquide perd son goût sucré et prend le goût du vin. Le sucre a disparu, il s'est transformé; le gaz carbonique se dégage, et le liquide contient de l'esprit de vin ou alcool. Toute la fermentation ne se borne pas là, mais c'est la partie la plus sensible du phénomène.

La pâte de farine et d'eau fermente de la même manière; toutefois, pour obtenir une fermentation régulière, il faut y ajouter du levain, de même pour obtenir de la bière avec de l'orge il faut ajouter cette matière solide, jaune, de saveur amère,

dont l'odeur rappelle celle de la bière, qu'on nomme levûre de bière, parce qu'en effet elle s'élève de la bière lorsque
celle-ci est en train de fermenter.

Quel rapport y a-t-il entre les phénomènes dont nous parlons et les infiniment petits, c'est ce que nous allons dire. La
levûre de bière, qui provoque la fermentation, est formée d'un
amas de corpuscules microscopiques qui n'ont pas plus de

cinq millièmes de millimètre de diamètre. Un seul de ces
corpuscules peut être l'origine d'un grand nombre d'autres,
qui se développent sur le premier comme des bourgeons. C'est
un végétal ou un ferment infiniment petit. Mais pour se multiplier il lui faut le liquide sucré dont il s'approprie le sucre. La multiplication est rapide, et il en résulte une mousse
abondante, qui n'est autre qu'une masse touffue de ces petits
végétaux.

Comme tout végétal, il provient d'un germe. Ces germes
sont dans l'air, et sont plus ou moins abondants selon les lieux,
de moins en moins nombreux à mesure qu'on s'élève; très rares
sur les hautes montagnes. Ils tombent dans les liquides et y
déterminent la fermentation. Arrêtez l'air au passage, tami-
sez-le en le faisant passer à travers du coton-poudre, il s'in-
sinue à travers les filaments du coton, et les corpuscules

sont saisis comme des poissons dans un filet. L'air arrive alors débarrassé de tous ces corps flottants, comme de l'eau filtrée, et il est désormais tout à fait inoffensif pour le liquide, qui dans ce cas ne fermente pas (Pasteur). C'est donc en se développant, en croissant, que le germe ou ferment provoque les phénomènes qui constituent la fermentation.

Toutes les fois qu'une fermentation se produit, cherchez, et vous trouverez l'être infiniment petit, végétal ou animal, qui la provoque, c'est-à-dire qui détermine par sa présence les transformations que l'on voit se produire.

Voici un nouvel exemple de fermentation, et des plus curieux, c'est celui qui a lieu pendant qu'une graine germe.

On sait qu'une graine contient, avec l'enfant de la plante

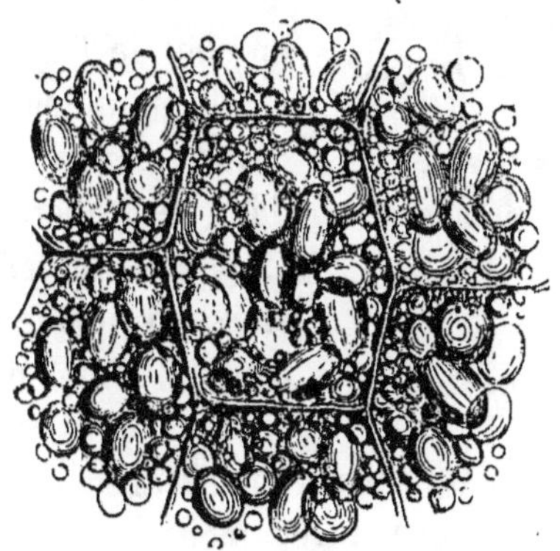

GRANULES D'AMIDON DU BLE.

qui l'a portée, une provision de nourriture destinée à cet enfant au commencement de sa vie. Comme le nourrisson, il lui faut le lait d'une nourrice pour sa première enfance, lorsqu'il est encore dans l'impossibilité de se nourrir tout seul. La jeune racine ou *radicule*, le premier bourgeon ou *gemmule*, la jeune tige ou *tigelle*, sont trop frêles, trop délicats, et insuffisamment préparés à puiser dans le sol et dans l'air les éléments dont ils se nourrissent. Un certain temps doit s'écouler pour que racine et tige soient assez grandes, assez fortes, assez vigoureuses pour se nourrir. Elles sont comme le nourrisson qui n'a pas encore de dents et ne peut que boire.

L'enfant-plante est donc pourvu de sa provision de nour- Si cette nourriture était liquide, elle devrait être uti-

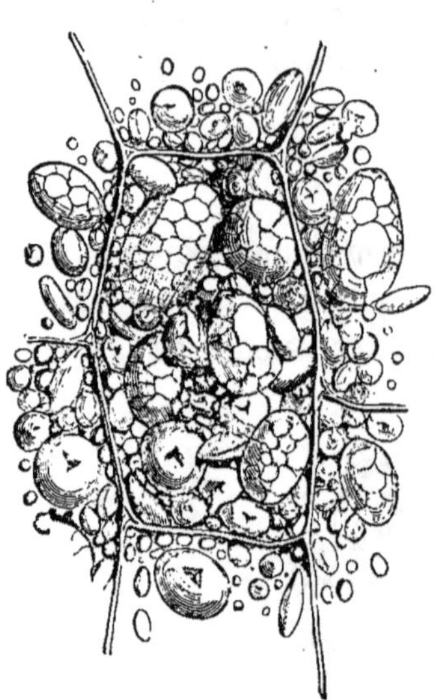

lisée dès que la graine serait mûre et la graine devrait être semée aussitôt après sa sortie du fruit; point d'interruption entre la récolte et la semaille, car autrement le liquide pourrait s'évaporer, la graine se flétrir et mourir. Il faut donc que la nourriture soit solide. C'est en effet de l'amidon ou de la fécule : amidon dans les céréales, comme le blé, fécule dans les tubercules, comme les pommes de terre. Oui, mais alors surgit une nouvelle difficulté : comment les organes si délicats et encore incomplets de la jeune plante pourront-ils absorber l'amidon ou la fécule? On pense tout naturellement que la graine mise en terre trouvera dans l'humidité de la terre le moyen de délayer l'amidon ou la fécule, afin de pouvoir les absorber. Mais l'amidon et la fécule ne sont pas solubles dans l'eau comme le sucre et le sel; on peut les délayer, non les dissoudre.

Voici comment le problème est résolu, malgré toutes les difficultés qu'il présente : Au moment où la graine est placée dans les conditions convenables pour la germination, où elle

trouve l'air à discrétion, la chaleur et l'humidité dans une
sage mesure, au point même où les jeunes organes de la plante
se montrent, apparaît une substance qui n'existait pas auparavant, la *diastase*, dont le nom bien caractéristique signifie : je fais couler à travers, ou mieux encore : je transforme
en liquide. La diastase agit en effet sur l'amidon, qui n'est
pas soluble dans l'eau, et le transforme en une autre sub-

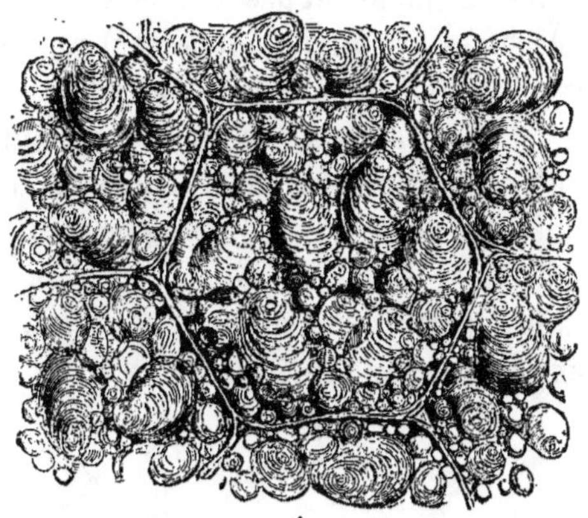

stance, la *dextrine*, de même composition, mais qui est soluble dans l'eau. Enfin la dextrine, à son tour, se transforme
en une espèce de sucre, le *glucose*.

Examinez des graines qui sont en train de germer. Aux
divers moments de leur germination, vous constaterez que la
provision de nourriture destinée à l'alimentation du nourrisson s'épuise de plus en plus à mesure que la jeune plante
grandit. Cela se voit fort bien après qu'on a mis en terre des
fragments de pommes de terre ou qu'on a semé des haricots,
si dans les jours suivants on suit le travail de la germination, en déterrant chaque jour un nouveau tubercule ou
une nouvelle graine. Ils se vident peu à peu, leur peau se plisse
comme un ballon qui se dégonfle, et lorsque la provision est
épuisée, qu'il ne reste qu'une enveloppe flétrie et desséchée,

la plante est assez grande pour se nourrir toute seule et
manger de tout, comme un enfant qui a ses dents.

⋈

Remarquons en passant que chaque graine possède en
réserve la somme de nourriture qui lui est nécessaire ; que
toutes les graines n'emploient pas le même temps pour se
développer : les unes ont un développement rapide, d'autres
germent lentement. On ne rencontre pas plus d'uniformité
ici que dans le règne animal. Le développement de l'œuf
est différent d'un animal à un autre. Il en est de même de la
durée de la vie hors de la graine ou hors de l'œuf. En réalité
il n'y a pas plusieurs vies, l'une dans l'œuf, l'autre hors de
l'œuf, mais une vie continue en plusieurs actes. Toutes ces
choses présentent un grand intérêt.

⋈

Une fermentation nommée *butyrique*, à la suite de laquelle
se dégage du liquide où elle se produit l'odeur bien connue
du beurre rance, qui lui a valu le nom de butyrique, est due
non pas à une plante (protophyte), mais à un infusoire (pro-
tozoaire). Cet être microscopique a la forme d'une baguette
cylindrique arrondie aux deux bouts ; il paraît composé de
petits grains juxtaposés comme les grains d'un chapelet. Son
diamètre est de deux millièmes de millimètre environ ; sa
longueur, de un à deux centièmes de millimètre. Tantôt il
est seul, tantôt il est associé à d'autres de ses congénères,
avec lesquels il forme une chaîne.

Ces petits êtres se déplacent soit en glissant tout d'une
pièce comme une barre rigide et polie, soit en accomplissant
de légères ondulations accompagnées d'un mouvement vibratoire de leurs extrémités.

Un de ces êtres en produit d'autres en se scindant en deux parties. On les voit souvent qui traînent à leur suite une série d'articles qui s'agitent très vivement comme pour se détacher. Enfin une dernière et curieuse observation à faire, c'est que l'infusoire dont il s'agit non seulement vit sans air, mais l'air le fait mourir.

C'est un champignon microscopique, une plante des plus élémentaires (*micoderma aceti*), qui est la cause de la trans-

formation du vin en vinaigre. Ce végétal décompose l'acide carbonique qui est dans l'air, s'empare du carbone et rejette l'oxygène qui s'unit à l'alcool du vin. Comme le précédent, il se compose d'un chapelet d'articles qui se développent comme les vibrions par divisions successives. Un article en produit deux, après s'être aminci, puis rompu près de son milieu.

Un autre protophyte, le *micoderme du vin*, analogue au précédent, produit les *fleurs du vin* et la maladie de l'*amertume*. En général, toutes les maladies du vin ont pour cause la présence d'un végétal microscopique qui provoque l'oxydation d'un des éléments du vin.

La chaleur détruisant ces micodermes, on parvient à préserver le vin de ses maladies en le chauffant légèrement (60 degrés) pendant une demi-heure; les micodermes sont détruits, et non seulement le vin n'est pas altéré, mais il est bonifié (Pasteur).

Miasmes. — Poussières. — Maladies. — Charbon. — Choléra des poules.

Nous avons déjà signalé la présence dans l'air d'une infinité de corpuscules vivants, plus abondants en été qu'en hiver, et plus particulièrement abondants en temps de pluie. Cette voie lactée invisible des organisations inférieures (Ehrenberg) contient des grains d'amidon, du pollen provenant d'un très grand nombre de fleurs, des semences en quantité prodigieuse des plantes les plus élémentaires, telles que les champignons, quelques œufs d'infusoires, des germes de vibrions en abondance.

La poussière qui se dépose sur les meubles n'est autre que celle qui est répandue dans l'air; mais comme elle est constamment balayée par les courants d'air, les parties les plus légères sont emportées par le vent. Tout ce qui est d'origine végétale ou animale, les spores, les œufs doit être entraîné. Et en effet, lorsqu'on examine au microscope la poussière recueillie sur les cheminées, les corniches, les meubles, on reconnaît qu'elle se compose pour la plus grande part de débris minéraux, qui sont les corps les plus lourds.

L'air inspiré dans les poumons y apporte les poussières qu'il tient en suspension. Celles-ci se fixent sur les parois humides de la trachée et des bronches, et lorsque l'air pénètre dans cette multitude de petits canaux et de vésicules qui forment les dernières ramifications bronchiques, il a été pour ainsi dire tamisé, filtré; il a laissé sur sa route, de la bouche au poumon, tous les corpuscules microscopiques. La trachée et les bronches constituent un *aéroscope* naturel. L'examen de ces organes chez les ouvriers, après la mort nous révèle jusqu'à un certain point les métiers qu'ils ont pratiqués : on trouvera des débris de laine chez le cardeur de matelas, des parcelles de farine et de son chez le meunier, des corpuscules détachés du bois chez le menuisier. Les fumeurs, ainsi que ceux qui vivent dans une atmosphère enfumée, ont souvent les voies aériennes tapissées de poussières charbonneuses.

Des expériences délicates entreprises dans ces derniers temps (Tissandier, Stanislas Meunier) ont révélé dans l'air, à toutes les hauteurs, la poussière ferrugineuse provenant de la

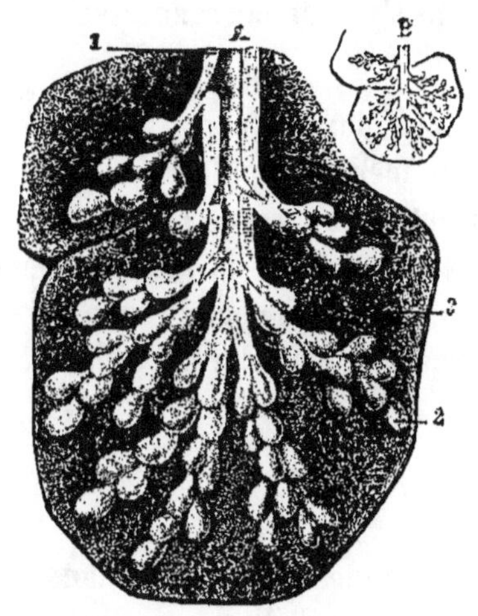

LES DERNIÈRES RAMIFICATIONS DES BRONCHES.

A, Lobule pulmonaire. — B, Le même, de grandeur naturelle.
1, Ramuscule bronchique. — 2, Vésicule qui le termine. — 3, Tissu pulmonaire.

combustion des météorites. La poussière cosmique abandonnée par les bolides ou les comètes durant leur trajet dans les couches supérieures de l'atmosphère descend avec une lenteur extrême de ces hauteurs prodigieuses et vient s'abattre sur le sol au bout d'un temps considérable. Cette neige minérale invisible traverse l'atmosphère et tombe sur la terre comme tombent au fond des mers les débris de ces légions d'animalcules dont l'océan est peuplé

Si l'on examine le dépôt, nommé *crasse*, qui se trouve à la surface de la peau des gens malpropres et qui est formé des poussières suspendues dans l'air et fixées par les corps gras sécrétés dans l'épaisseur de la peau, on ne sera pas surpris d'y retrouver des infusoires ou des corpuscules. Toutes les bactéries, tous les vibrions s'y donnent rendez-vous.

Dans le mucus du nez, dans le corps gras qui lubrifie les oreilles on trouve ces mêmes populations d'animalcules et de corpuscules. Partout où un corps humide peut les fixer, ils sont pris comme les oiseaux par la glu, pullulent, grouillent et forment même des dépôts comme ceux qui encroûtent les dents et qui finissent par ébranler ces organes.

Dès que quelques personnes sont réunies dans une voiture close, elles répandent autour d'elles, avec les produits de la respiration, des corpuscules de nature diverse et même des animalcules. Elles en puisent dans l'air environnant, et la malpropreté, non moins que le mauvais état de la santé, favorise la multiplication de ces êtres microscopiques.

Ces corpuscules, ces êtres à demi organisés, peuvent être recueillis de bien des manières. On tamise l'air à l'aide du coton (Pasteur), qui se laisse traverser par l'air, mais qui arrête au passage les corpuscules flottants, qu'on peut ensuite examiner à son aise au moyen du microscope; ou bien on s'y prend d'une autre manière, peut-être plus ingénieuse (Lemaire, Salisbury) : dans une salle où se trouvent réunies un grand nombre de personnes, — salle de classe, de caserne, d'hôpital, de réunion publique, — on apporte une carafe d'eau très fraîche dont la surface a été d'abord bien essuyée; on voit aussitôt la carafe se couvrir extérieurement d'une buée et devenir opaque. La vapeur d'eau répandue dans la salle et provenant de la respiration des personnes s'est déposée sur la carafe; la quantité peut être assez grande pour qu'on voie l'eau ruisseler. Le même fait se produit fréquemment sur les vitres en hiver. Or les gouttelettes de cette vapeur condensée contiennent de nombreux animalcules et corpuscules.

Transportons-nous maintenant au bord d'une mare, et après avoir convenablement refroidi des lames de verre, exposons-les à la vapeur qui se dégage de la mare, puis recueillons les gouttelettes qui se déposent, et l'examen de ces gouttelettes au microscope nous révèle la présence de nombreux infusoires (Salisbury). Partout où règnent les fièvres des marais l'air contient une quantité considérable de ces végétaux et de ces animaux primaires dont nous avons déjà parlé. Il existe même une algue nommée *algue des fièvres*. Au contraire, sur les hauteurs, dans les lieux dont le séjour est sain, le nombre de ces êtres est très faible. Que faut-il en conclure, sinon que ces animalcules, s'ils ne sont pas la cause de la maladie, contribuent à la propager ou à la développer?

Lors d'une épidémie de fièvre intermittente qui eut lieu en 1862 dans la partie marécageuse des vallées de l'Ohio et du Mississippi, le docteur Salisbury eut occasion d'examiner la salive des fiévreux et d'y reconnaître la présence de divers corpuscules, entre autres de cellules oblongues qu'il obtint également sur des plaques de verre exposées pendant la nuit. Dans d'autres localités où règnent les fièvres il a reconnu la présence des mêmes cellules.

De ces expériences il a pu conclure que les corpuscules s'élèvent avec les exhalaisons froides du sol humide et de l'eau, et que les fièvres n'apparaissent que là où se trouvent les corpuscules. Sur les hauteurs on ne trouve plus de cellules, et le séjour n'est plus fiévreux. La ligne qui marque la limite des vapeurs marque en même temps celle de la région des fièvres.

Les vents, en transportant les corpuscules, portent la fièvre aux régions vers lesquelles ils soufflent.

Helmholtz, le savant physicien allemand, est atteint chaque année, en mai et en juin, de la fièvre dite des *foins*, accompagnée d'un catarrhe nasal. Or, à cette époque, et à cette époque seulement, son mucus nasal est peuplé de vibrions.

𐌐𐌂

Les inconvénients ou plutôt les dangers de l'air confiné ne sont pas dus seulement à l'insuffisance d'oxygène. Le renouvellement incessant de l'air est donc une des conditions les plus essentielles de la vie; est-il des médicaments ou des traitements qui puissent lutter d'efficacité avec l'air des campagnes saines, et particulièrement avec l'air des hauteurs?

On croit aisément que les mauvaises odeurs répandues dans l'air sont particulièrement l'indice d'un air malsain; mais l'odeur est souvent sans importance, tandis que la présence des animalcules n'est jamais sans effet sérieux. Il y a d'ailleurs une différence à remarquer dans la manière dont agissent les gaz vénéneux et les animalcules : dans le premier cas l'action est vive, le poison produit rapidement son effet; dans le second il faut un certain temps : il semble que l'animalcule doive

passer par certaines phases, accomplir son évolution avant que
la maladie se déclare.

Pendant longtemps, à la suite d'épidémies ou de l'infec-
tión de plaies dans les hôpitaux, on disait que l'air était le
grand coupable, qu'il était la cause des désordres et de la
corruption. Mais lorsqu'on eut constaté que dans les cas
de blessure du poumon l'air était sans effet fâcheux (Lis-
ter), le pouvoir filtrant du poumon fut constaté. La blessure
se trouvait préservée non du contact de l'air, puisqu'il con-
tinuait à pénétrer, mais des germes et des animalcules, qui
restaient fixés, comme nous l'avons dit, sur les parois humides
des tubes aériens. Point de putréfaction dans la blessure,
parce que l'air était tamisé.

On constata encore que les substances qui détruisaient les
bactéries assainissaient l'air. Dès lors il ne s'agissait plus que
de sauvegarder la blessure du contact des germes : le *panse-
ment ouaté* fut inventé. Aujourd'hui les plaies sont recouvertes de coton préparé, c'est-à-dire ne contenant aucun
germe, et l'air ne peut arriver au contact de la plaie qu'après
avoir traversé le coton et y avoir laissé les germes qu'il peut
contenir. Ainsi une observation curieuse et un fait peu important en apparence se trouvent avoir les plus sérieuses
conséquences. Ainsi un grand nombre de personnes sont ar-
rachées à la mort.

❧

On ignore la nature de la rage; on en ignore également le
siège. On sait seulement qu'elle se montre en toute saison et
pas plus en été qu'en hiver, qu'elle est contagieuse, et contagieuse par inoculation. La salive en contient le germe, elle est
empoisonnée, et s'il pénètre une très petite quantité de salive

dans le sang d'un animal, cet animal est atteint de la rage. Le poison ne pénètre pas directement par la peau : il faut une écorchure, une égratignure, une plaie, si petite qu'elle soit. La morsure n'est dangereuse qu'autant qu'elle met à découvert les vaisseaux sanguins, par lesquels la salive peut être absorbée. Voilà pourquoi le léchement est aussi dangereux que la morsure, si l'animal lèche en un point où la chair est à vif.

Préoccupé de ce fait qu'il s'écoule un certain temps entre le moment où la maladie s'est déclarée et celui où elle atteint son paroxysme, qu'il y a en quelque sorte une incubation, nous avons pensé que la cause pourrait en être attribuée à l'incubation et au développement d'animalcules. Existerait-il un *vibrion rabique?...*

Nous écrivions ces lignes, il y a quelques années, avant les travaux de M. Pasteur qui ont jeté une si vive lumière sur la question. Grâce aux recherches de ce savant illustre, on sait que la rage est déterminée par un microbe, que ce microbe se loge particulièrement dans le système nerveux, et, plus particulièrement, dans le bulbe. C'est là surtout qu'il se multiplie, qu'il pullule. Par des inoculations de virus rabique aux animaux et à l'homme sain, on les met à l'abri de la rage. Cette découverte compte parmi les plus brillantes et les plus bienfaisantes de la science.

LES INFINIMENTS PETITS CHEZ LES PLANTES

LES INFINIMENT PETITS CHEZ LES PLANTES

Jusqu'à présent nous avons examiné l'infiniment petit parmi les animaux, nous allons maintenant l'observer dans la structure et l'organisation des plantes. Il existe aussi dans le végétal des fibres, des vaisseaux qui sont les analogues des fibres musculaires, des artères, des veines, etc. Le végétal est recouvert d'une peau plus ou moins velue; des liquides coulent dans ses vaisseaux comme dans ceux du corps humain. Ses feuilles, ses fleurs vont nous offrir de nouveaux sujets d'investigation qui provoqueront vivement notre curiosité.

Suivons l'ordre déjà adopté : avant d'examiner les plantes infiniment petites, voyons d'abord les parties infiniment petites des plantes visibles.

Tige. — Moelle. — Rayons médullaires. — Fibres. — Vaisseaux.

Une tranche très mince d'un rameau délié provenant d'un chêne ou d'un rosier est là sous nos yeux, considérablement agrandie, et nous laisse voir des zones concentriques comme celles d'une cocarde, traversées par de nombreux rayons qui les zèbrent d'une manière régulière. Ceci nous montre que l'arbre dont on a détaché cette branche est formé d'une série d'enveloppes qui s'emboîtent les unes dans les autres, comme

autant de tuyaux de diamètres différents. Autant de zones,
autant d'enveloppes. Le plus grand de ces tuyaux est celui
qui enveloppe tous les autres et forme la partie extérieure
de la plante.

Si nous prenons une tranche de tige plus jeune, nous y
trouverons un moins grand nombre d'anneaux. Plus âgée, au

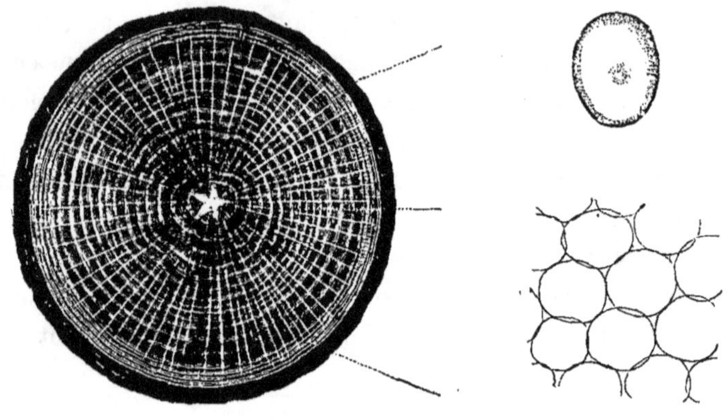

COUPE D'UN TRONC DE CHÊNE AGÉ DE 18 ANS.					CELLULES DE LA MOELLE.

contraire, elle en contient davantage. Pendant la première
année de sa vie la tranche ne présente pas d'anneau; le premier est en train de se former. On voit seulement de distance
en distance, tout autour du centre, des faisceaux ou paquets
de fibres et de vaisseaux répartis symétriquement. Entre les
faisceaux se trouve la moelle, qui occupe en outre le centre et
les bords. Une sorte de peau fort mince ou épiderme enveloppe le tout.

Jetons maintenant les yeux sur cette autre tranche d'une
tige plus âgée de quelques mois seulement : de nouveaux
faisceaux de fibres et de vaisseaux se sont formés dans les
intervalles qui séparent les premiers; l'espace occupé par la
moelle a diminué, les intervalles sont plus étroits; la moelle
du milieu ne communique plus avec celle des bords que par

des rayons de moelle. Ces rayons deviennent de plus en plus étroits à mesure que l'âge avance, jusqu'au moment où la ceinture ou l'anneau se ferme, où les fibres se touchent presque et où les rayons sont réduits aux zébrures dont nous

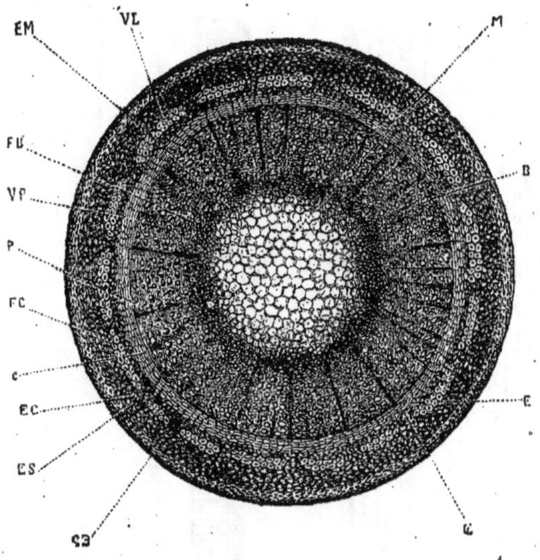

COUPE D'UNE TIGE D'ÉRABLE.

avons parlé, c'est-à-dire à des traits rectilignes qui vont du centre aux bords.

Lorsque la zone est ainsi continue, on distingue, en partant du centre et en allant vers la circonférence : 1° la *moelle centrale;* 2° un anneau étroit composé de vaisseaux particuliers, les *trachées,* qui ressemblent aux trachées des insectes; 3° un anneau large de *fibres* de bois entremêlées avec d'autres *vaisseaux* qu'on nomme *ponctués;* 4° un anneau plus étroit, le *cambium,* où se forme le bois de l'année. C'est là surtout que se préparent les matériaux qui servent à l'accroissement de l'arbre; c'est là le siège de la vie.

Quatre autres enveloppes font suite à celles-ci et composent l'écorce; c'est : 1° une zone de fibres; 2° la moelle.

externe ; 3° une seconde zone de moelle, la *subéreuse*, et enfin 4° l'épiderme.

En tout, huit enveloppes concentriques principales, huit

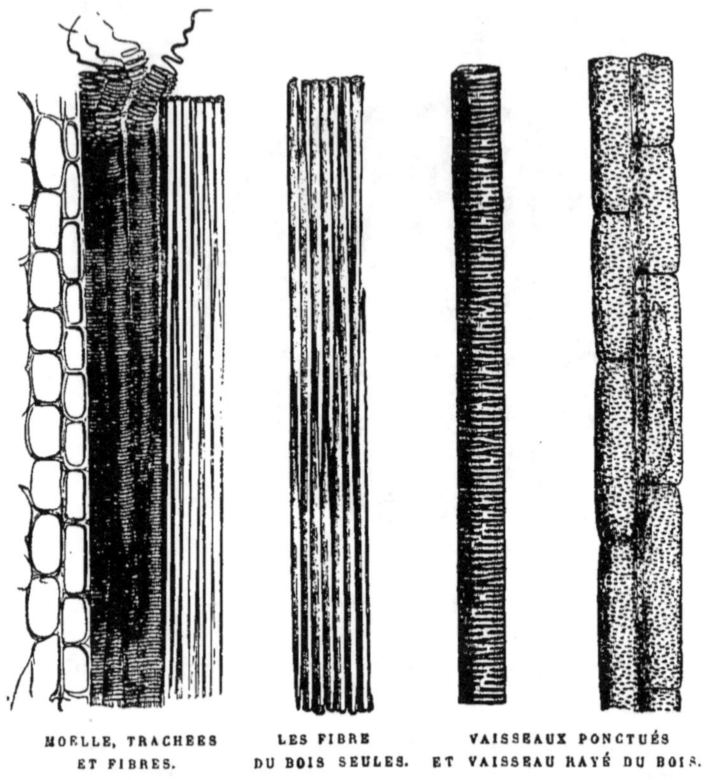

tuyaux emboîtés les uns dans les autres : quatre pour le bois et autant pour l'écorce.

Chaque année, dans la zone où coule le sang végétal, le bois liquide, pour ainsi parler, se préparent deux enveloppes nouvelles, deux anneaux concentriques qui se touchent et oc-

cupent toute la longueur de la plante : l'un appartient au bois,
l'autre à l'écorce. Le bois grossit ainsi du dedans au dehors
par de nouvelles enveloppes de bois qui s'adaptent aux an-
ciennes, dont pourtant elles se distinguent, et l'écorce s'é-
paissit également, mais du dehors au dedans, par de nouvelles
enveloppes de *liber*.

Voici une tranche contenant plusieurs anneaux; comptons-
les : un, deux, trois; cela fait trois ans. Autant d'anneaux,

COUPE D'UNE TIGE DE SAPIN.

autant d'années. Chacun, en effet, est l'œuvre d'une année.
Le tronc, les branches, les rameaux vivent et s'accroissent
de la même manière. Le tronc est venu le premier; il est le
plus ancien, il doit contenir le plus grand nombre de zones.
La branche qui est née un an après le tronc contient une
zone de moins; le rameau venu deux ans après renferme deux
zones de moins, et ainsi de suite. On peut donc connaître l'âge
de chacune des parties de l'arbre et l'ordre dans lequel elles
se sont succédé dans le cours de la vie du végétal.

A mesure que l'arbre vieillit et grossit, le siège de la vie s'éloigne du centre; chaque année la zone vivante est reportée de toute l'épaisseur d'une couche au delà du centre. A mesure que la vie l'abandonne, le bois central, qui forme pour ainsi dire le noyau ou le cœur, durcit, se colore et devient du bois *parfait* : c'est ainsi qu'on le nomme, au point de vue du parti qu'on en tire. C'est le bois mort dont l'industrie fait usage, parce qu'il est ferme, résistant, coloré et plus difficilement attaqué par les insectes. Au contraire, dans la zone vivante et dans les parties qui l'avoisinent le bois est toujours tendre et incolore ou *blanc : c'est l'aubier*. Dans les bois les plus colorés, comme l'acajou ou l'ébène, l'aubier est toujours blanc; dans les bois les plus durs, les plus fermes, les plus résistants, l'aubier est toujours mou.

Il y a donc en général, dans tout arbre, une partie vivante et une partie morte : la partie vivante formant un anneau situé près de l'écorce à la jonction des couches de l'écorce avec celles du bois; la partie morte, au milieu, augmentant chaque année de la zone de l'année précédente et qui vient de mourir. Mais il n'est pas donné à tout arbre de produire du bois parfait. Il est des arbres dont le cœur ne durcit pas et reste incolore; c'est le cas du peuplier, par exemple. Dès lors point de bois parfait chez ces arbres : tout est aubier à peu près; tout est *bois blanc* et de peu de valeur pour l'industrie, parce qu'il est peu résistant, qu'il pourrit facilement et qu'il est attaqué par les insectes. On voit souvent certains de ces arbres, les saules surtout, rongés au cœur par la pourriture et les insectes, présenter de vastes cavités béantes et comme cariées, tandis qu'ils portent des rameaux vigoureux chargés d'abondantes feuilles.

❧

Lorsque, au lieu de cette tranche microscopique que nous montre l'arbre naissant et l'enfance de l'arbre, nous observons la coupe d'un arbre âgé sur une des bûches destinées au chauffage, nous pouvons lire le récit de la vie de l'arbre racontée par les zones. L'arbre ne nous dit pas seulement son âge, mais tous les incidents de sa vie, car les anneaux ne sont ni réguliers ni d'égale épaisseur, et selon qu'ils sont larges ou minces, d'égale épaisseur dans tout leur pourtour et par conséquent réguliers, ou inégaux, tout a une signification, tout nous renseigne sur son régime, sa vigueur, et les conditions de la vie aux diverses époques de sa carrière.

Une zone est-elle étroite, il s'est fait peu de bois cette année-là ; on peut en augurer que l'arbre a donné beaucoup de fruits, c'est-à-dire qu'il a dépensé en fruits ce qu'il n'a pas consacré à son développement ; abondance de fruits, disette de bois ; du moins est-ce vrai des arbres dont les fruits épuisent les forces. Mais on peut aussi attribuer ce fait à une année mauvaise, c'est-à-dire froide et sèche, parce qu'alors l'arbre s'est mal nourri. Une zone large indiquera naturellement le contraire.

Les zones sont-elles toutes invariablement plus étroites d'un seul côté, nous en concluons que les racines n'ont pas trouvé ou puisé de ce côté une nourriture suffisante, ou que sur ce même côté l'arbre a souvent reçu les assauts d'un vent froid, ou bien encore que les branches de ce côté n'ont pu se développer librement faute d'air et d'espace.

Un hiver très rigoureux comme celui de 1879-1880 a laissé des traces de sa vigueur dans les troncs de nos arbres. Bon nombre sont morts, et chez la plupart de ceux qui restent des vaisseaux ont dû être rompus ou déchirés. La vie de l'arbre sera suspendue par places, ce qu'on reconnaîtra plus tard à une zone interrompue ou singulièrement amincie sur certains points.

Si, de son vivant, le tronc a été blessé par un passant et que la lame d'un couteau ait pénétré jusqu'à la zone vivante, on retrouvera plus tard la cicatrice sur le tronc abattu, recouverte par autant de couches qu'il s'est écoulé d'années de celle de la blessure à celle de la mort de l'arbre.

⚓

Voici une nouvelle tranche mince, taillée dans un épi de blé ou dans une tige de jeune palmier ; examinons-la au microscope. Nous n'y retrouvons pas la disposition décrite plus haut : point de faisceaux de fibres régulièrement distribués autour du centre de la tige, point de zones concentriques distinctes et de rayons médullaires, quel que soit l'âge du rameau

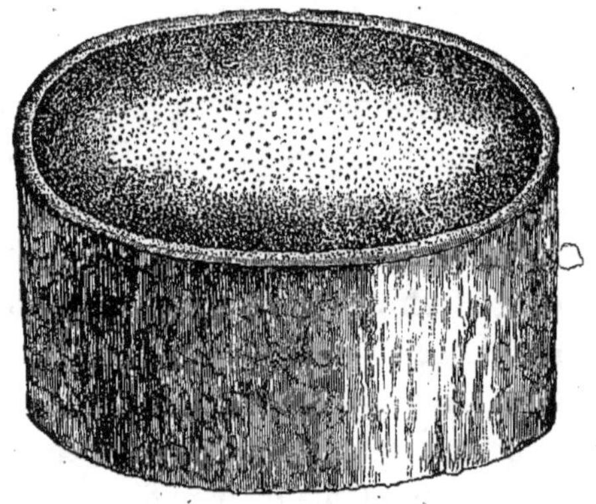

COUPE D'UNE TIGE DE PALMIER.

coupé. Le cercle qui figure la coupe transversale de la tige est d'une teinte uniforme et parsemé de petit points noirs : le fond est de la moelle, les points sont des faisceaux ou des paquets de fibres et de vaisseaux coupés en travers.

Ainsi toutes les tiges n'offrent pas les mêmes dispositions, et par suite diffèrent dans leur structure, sinon dans leurs organes. La plupart des arbres de nos contrées appartiennent

au premier groupe dont nous venons de décrire le mode de
développement; les céréales appartiennent au second, comme
les palmiers, les bambous, les roseaux ; cela fait deux catégo-
ries, deux groupes de plantes parfaitement distinctes et qu'on
peut classer d'après l'aspect seul de la section de la tige. Toutes
celles du premier groupe : chêne, hêtre, charme, peuplier,
vues par la tranche, nous offrent la disposition en anneaux
concentriques; toutes celles du second : palmier, roseau,
blé, etc., présentent l'aspect d'une masse uniforme de couleur
claire avec des points noirs disséminés au hasard.

Cela seul suffirait à les séparer; mais ces mêmes plantes
ne diffèrent pas seulement par ce caractère : tout est dif-

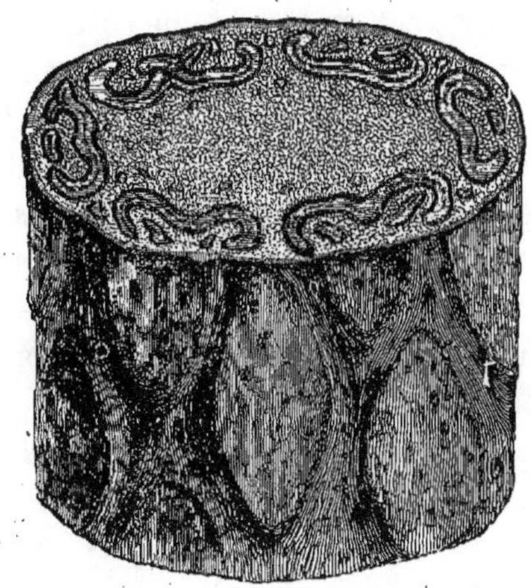

férent dans les deux groupes, les feuilles, les fleurs, non moins
que les racines et les graines. Ce sont des végétaux dont la
structure est différente, qui sont aussi distincts entre eux que
les mammifères le sont des insectes.

Il suffit de jeter les yeux sur une feuille de blé et sur une
feuille de rosier pour être frappé des différences qu'elles pré-

sentent : dans la première, les nervures, qui forment pour ainsi dire la charpente des feuilles, sont parallèles entre elles, tandis que dans l'autre, celle du rosier, elles se ramifient comme les branches de l'arbre qui les porte et dont elles sont d'ailleurs les dernières ramifications. Ainsi, par leurs feuilles comme par leurs tiges et leur port, le blé, l'avoine, l'orge, etc., se distinguent des chênes, des hêtres, des rosiers, etc.

Ce n'est pas tout : les fleurs diffèrent également et par la disposition et par le nombre de leurs parties. Voyons, par exemple, les fleurs de nos arbres fruitiers : un calice à cinq divisions ou *sépales* verts enveloppe une corolle à cinq divisions ou *pétales* colorés; cinq étamines viennent ensuite. Comparez-les à la fleur du lis ou de la jacinthe. Chez ces dernières, point de calice, point de parties vertes. Tout est coloré, tout est corolle; le nombre des divisions est de six; les trois extérieures sont considérées comme le calice; mais c'est là une convention, car en réalité il n'existe pas de calice proprement dit, c'est-à-dire d'enveloppe verte, résistante et qui semble destinée à protéger les feuilles délicates, colorées et d'un tissu moins robuste qui composent la corolle.

Enfin ces mêmes plantes se distinguent encore par leurs racines et par leurs graines. Chez les unes, celles dont la tige présente des anneaux, la graine se partage en deux moitiés ou cotylédons dont il a été question plus haut au moment de la germination. Les haricots, les pois, les amandes se divisent naturellement, s'ouvrent par le milieu, et entre les deux cotylédons se voit la future plante presque microscopique. Les grains de blé, de maïs, d'avoine, etc., restent entiers. Il y a donc des plantes à graines *dicotylédonées* et d'autres à

graines *monocotylédonées*. Or, dire d'une plante que sa graine
a deux cotylédons, c'est affirmer en même temps l'existence
des zones dans la tige, des nervures ramifiées dans les feuilles,
des divisions au nombre de cinq dans les fleurs; de même,
quand on dit d'une plante que sa graine est monocotylé-
donée, on comprend tous les autres caractères qui en sont
inséparables. Les différences dans le nombre des cotylédons
entraînent toutes les autres. Dès lors on ne saurait être surpris que les botanistes aient transféré le nom de la graine à
celui du végétal entier. Il y a donc deux groupes de végétaux :
les dicotylédonés et les monocotylédonés.

La distribution des organes n'étant pas la même, le mode
de développement ne l'est pas non plus. On ne voit pas sur la
tige du palmier toutes les indications que fournissent les
zones. L'arbre vieillit, grandit et grossit; mais l'aspect de la
section de la tige ne varie pas, à fort peu près : toujours la
moelle avec les paquets de fibres et de vaisseaux disséminés.

Toutes les plantes ne rentrent pas dans l'un ou l'autre
des deux groupes; il existe un troisième groupe, dont les
graines sont dépourvues de cotylédons : les mousses, les fou-
gères, les algues, les champignons, etc. Tiges et feuilles se
distinguent de ces mêmes organes dans les deux premiers
groupes. De la sorte, le règne végétal, c'est-à-dire l'ensemble
de toutes les plantes, comprend trois grands embranchements :
les dicotylédonées, les monocotylédonées et les acotylédonées.

**Les feuilles · limbe, pétiole. — Epiderme, parenchyme. — Stomates,
respiration et nutrition.**

Cette partie verte, plane, mince, dont la forme est différente pour chaque plante, est un résumé de la plante. On y

trouve un épiderme, des vaisseaux, des fibres, de la moelle comme dans la tige. Elle se modifie sur un même végétal de manière à donner naissance aux feuilles colorées qui composent la corolle des fleurs et aux feuilles vertes qui constituent

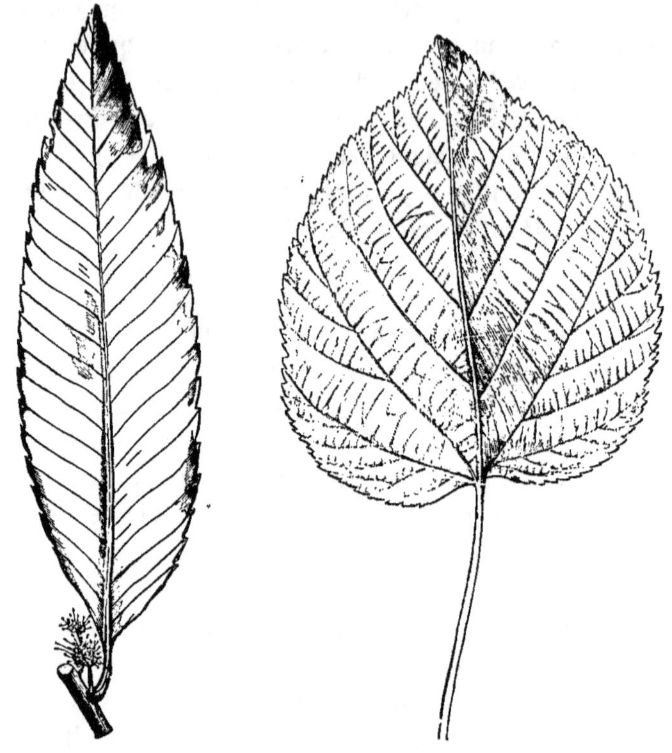

FEUILLE DU CHATAIGNIER (DENTÉE).   FEUILLE DU TILLEUL (SIMPLE).

le calice. Ce sont aussi des feuilles gonflées de sucs, repliées sur elles-mêmes qui deviennent les fruits. Rien de plus curieux et de plus intéressant que de suivre sur la même plante toutes les métamorphoses de ses feuilles et de voir les mêmes éléments servir à former des corps aussi différents par la forme, la couleur, la saveur, en un mot par toutes les qualités.

La partie plane ou plate est le *limbe*. Tantôt il est directement fixé à la tige, tantôt il y est pour ainsi dire suspendu à l'aide d'une petite tige flexible nommée *pétiole*. Le limbe affecte des formes très diverses : il est simple ou composé, ses bords sont unis ou festonnés. Le limbe simple est rond, ou

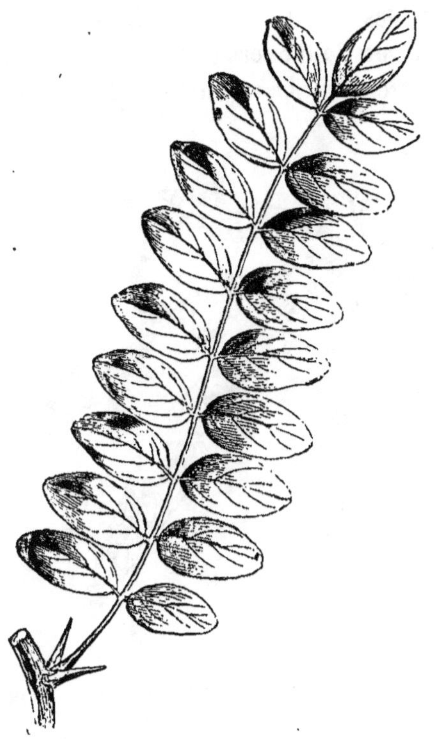

FEUILLE DU FAUX ACACIA (COMPOSÉE).

·ovale, ou elliptique, en forme de cœur, ou de flèche, ou d'aiguille, ou de lance, etc.; il est plus ou moins profondément découpé, dentelé, crénelé, lobé, etc. Si les divisions pénètrent jusqu'à l'axe de la feuille, jusqu'à la nervure principale, la feuille se décompose en plusieurs feuilles plus petites ou *folioles*, ayant chacune leur pétiole ou *pétiolule;* c'est alors une feuille composée.

⮞⮜

Examinons maintenant la feuille dans ses éléments infiniment petits. Le microscope nous montre que les deux faces ne sont pas semblables, qu'il y a un endroit et un envers ; l'endroit est tourné vers la lumière et s'y tourne obstinément lorsqu'on cherche à contrarier cet instinct du végétal ; l'en-

FEUILLE DE CHANVRE (PARTITE).

vers est tourné vers la terre ou vers l'ombre. A l'envers les nervures sont saillantes, la face est pâle et rugueuse ; à l'endroit la face est lisse et d'un vert intense. Un épiderme couvre le tout, et entre les deux épidermes est la chair de la feuille, ou *parenchyme.*

⮞⮜

Entrons maintenant dans le domaine des infiniment petits. L'épiderme offre l'aspect d'un carrelage plus ou moins

régulier dont les carreaux sont des cellules aplaties qui se raccordent, exactement par leurs bords malgré leurs formes différentes ; c'est donc une pellicule extrêmement mince formée
d'une seule couche de cellules. Elle protège le tissu de la
feuille comme notre épiderme protège le derme ; c'est une
enveloppe, un vernis protecteur.

Les cellules de l'épiderme, ordinairement plates, se boursouflent parfois, se gonflent, et la feuille n'est pas lisse,
polie, mais au contraire plus ou moins rugueuse, chagrinée,

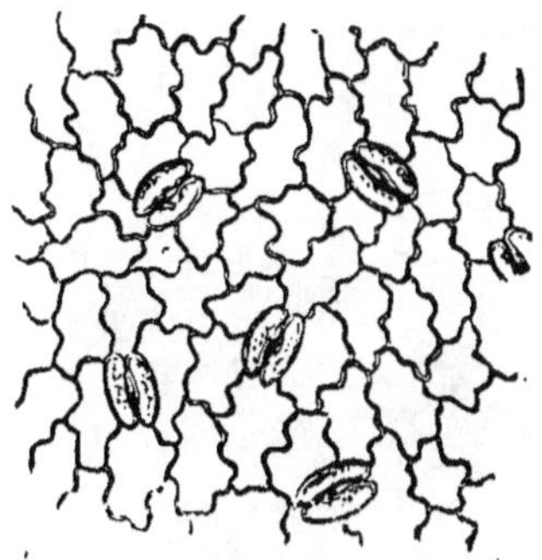

ÉPIDERME DE FEUILLE AVEC STOMATES.

mamelonnée. Même les cellules se transforment en poils plus
ou moins longs qui donnent à la feuille un aspect velu, velouté
ou cotonneux plus ou moins brillant. Quelquefois les poils se
feutrent, se soudent de manière à simuler des écailles qui
donnent aux feuilles un éclat particulier.

✠

Parsemées dans l'épiderme, on voit   petites ouvertures
en forme de boutonnières à demi ouvertes, bordées d'un léger
bourrelet. Ce sont les *stomates*, qui doivent leur nom à leur
ressemblance avec de petites bouches. Il s'en trouve un petit
nombre sur la face supérieure de la feuille, excepté toutefois

chez les plantes aquatiques, lesquelles ne possèdent pas d'é-
piderme ; mais à l'envers de la feuille on les compte par
millions. On peut juger par là de leurs dimensions, et si l'on
veut en juger d'une manière encore plus précise, qu'on sache
qu'il s'en trouve environ une centaine répandue sur l'espace
d'un millimètre carré, ou, si l'on préfère, quelques-uns dans
le point d'un i.

Par ces myriades de bouches microscopiques la plante
exhale de la vapeur d'eau comme les animaux, pendant l'ex-

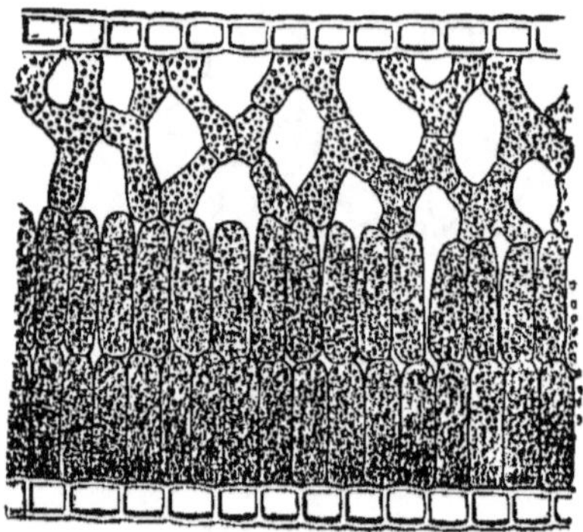

COUPE D'UNE FEUILLE DANS LE SENS DE L'ÉPAISSEUR
POUR MONTRER LES DEUX ÉPIDERMES ET L'INTÉRIEUR DU PARENCHYME.

piration, mais en quantité incomparablement moins grande ;
aussi ne voit-on jamais se former autour des feuilles ce léger
nuage qui par les temps froids se produit autour de nos
lèvres. Des bulles infiniment petites de vapeur sortent de ces
ouvertures imperceptibles ; à la longue, grâce à leur nombre,
qui compense dans une certaine mesure leur petitesse, l'exha-
lation devient sensible et même parfois relativement considérable. C'est par litres qu'on évalue l'eau ainsi transpirée, au
bout d'une journée, par des plantes de grandeur moyenne.

Les stomates donnent accès dans l'intérieur de la feuille,
dans l'épaisseur du parenchyme. Celui-ci, en effet, n'est pas

massif; les cellules qui le composent, et qui sont de forme et de grandeur différentes et diversement disposées, laissent entre elles des espaces vides plus ou moins grands. Les plus grands, les chambres aériennes, sont en rapport direct avec les stomates de la face inférieure de la feuille. Ces espaces communiquent avec d'autres plus petits, situés plus profondément.

L'air pénètre par les stomates dans ces espaces internes; l'oxygène, l'azote, l'acide carbonique, la vapeur d'eau entrent de compagnie. A l'intérieur, au contact des cellules, des phé-

UN STOMATE SEUL.

nomènes chimiques s'accomplissent : l'acide carbonique se trouve décomposé, le carbone reste à la plante : il en est la proie, la nourriture, il fait désormais partie de ses tissus, de son bois; l'oxygène, devenu libre, se dégage et rentre dans l'atmosphère.

Cet acte ne s'accomplit que sous l'influence de la lumière; dans l'obscurité, pendant la nuit, les choses se passent autrement : de l'acide carbonique est exhalé par la plante, qui absorbe de l'oxygène. La plante agit alors comme un animal qui respire.

En réalité, il y a deux phénomènes qui se superposent : les parties vertes de la plante agissent comme nous l'avons dit, tandis qu'un autre élément de la plante, qui est incolore, absorbe l'oxygène et rejette l'acide carbonique pendant le jour comme pendant la nuit.

Ces deux phénomènes sont bien différents. Le premier contribue à la nourriture de la plante : elle s'approprie du carbone; le second est un acte respiratoire : c'est la vraie, la seule respiration des plantes ; elle est semblable à la respiration animale, elle a lieu constamment.

Lorsque la plante est jeune, la respiration l'emporte sur l'assimilation, et elle rejette plus d'acide carbonique que d'oxygène. A mesure que les feuilles grandissent, que leur coloration est plus vive, il se produit moins d'acide carbonique et plus d'oxygène. Ce dernier fait est le seul apparent, bien que le phénomène inverse se manifeste; les effets de l'action la plus active masquent ceux de l'autre.

Il n'y aurait donc pas pour les plantes une respiration de jour et une respiration de nuit, la première, pour ainsi dire opposée à celle des animaux, l'autre semblable à celle des animaux, au moins quant aux résultats, mais deux actions qui se passent au contact d'éléments différents de la feuille.

On a même démontré que la lumière blanche n'est pas nécessaire, mais seulement certains rayons lumineux, ainsi qu'on le voit dans la combinaison du chlore et de l'hydrogène par exemple, laquelle s'effectue sous l'influence des rayons violets, comme on le voit également dans les combinaisons chimiques sur lesquelles repose la photographie. C'est encore une action de la même nature que celle qui détermine la coloration de notre peau au contact de l'air et sous l'action des rayons solaires.

Toutes les parties vertes d'un végétal se conduisent comme les feuilles ; les fleurs, au contraire, ainsi que toutes les parties

incolores, exhalent·nuit et jour de l'acide carbonique. Il convient donc d'éloigner toute plante de la chambre à coucher,
mais plus particulièrement au moment de la floraison; d'autant que les parfums que répandent les fleurs ajoutent leurs
effets à ceux dont il vient d'être question et peuvent être
bien autrement malsains. Les plantes ne sont d'ailleurs vrai-
ment à leur place que dans les jardins et non dans un air
confiné ; elles doivent vivre dans l'air libre et constamment

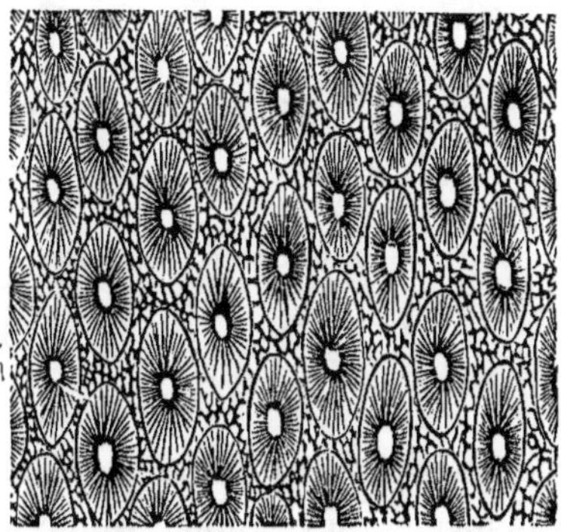

ÉPIDERME D'UN PÉTALE (GÉRANIUM).

agité par des courants. Dans ce vaste océan gazeux qu'on
nomme l'atmosphère, toutes les émanations se disséminent
sans qu'il en résulte aucun inconvénient ni aucun danger. Là
les effets de la respiration des animaux et ceux de la respiration des plantes se contrebalancent en partie ; la pureté
de l'air, constamment troublée, est constamment rétablie.

La fleur : calice, corolle.

Ce que le microscope nous a révélé dans la feuille, nous le
retrouvons en partie dans la fleur. Ce sont en effet des feuilles
plus ou moins modifiées qui composent les diverses parties

de la fleur. La première enveloppe, le calice, n'est-elle pas verte comme les feuilles et ses divisions? les sépales diffèrent-ils notablement des feuilles? Quelquefois, il est vrai, le calice forme une enveloppe continue, une sorte de coupe; on le regarde alors comme s'il était formé par des sépales soudés

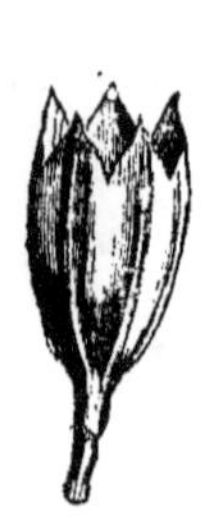

CALICE MONOSÉPALE
DE LA PRIMEVÈRE.

CALICE POLYSÉPALE
DU LIN.

CALICE RÉGULIER
DU LYSIMAQUE.

entre eux. Dans ce cas les bords, comme ceux des feuilles, sont unis ou découpés plus ou moins profondément; mais quelle qu'en soit la forme, on reconnaît toujours la structure foliacée.

Parmi les calices à sépales soudés, citons celui du silène, du liseron, de la bruyère, de la primevère.

Parmi les calices polysépales ou à plusieurs divisions distinctes, se trouve celui de la fleur du fraisier, de la fleur du lin.

On distingue les calices monosépales à leurs formes, au nombre et à la nature des découpures du bord; les calices polysépales se distinguent par le nombre des sépales. Les uns et les autres sont réguliers ou irréguliers. Certains calices persistent avec les autres parties de la fleur; d'autres, au contraire, se dessèchent et tombent. Tous ces caractères permettent de donner le signalement d'un calice, et, par suite, fournissent un moyen de reconnaître la plante de laquelle il fait partie.

Le calice est régulier lorsque les divisions ou les sépales sont égaux et disposés symétriquement : tels sont les calices de la rose, des fleurs du pommier, du poirier, du lysimaque, etc. Dans le cas contraire, le calice est irrégulier : c'est le cas pour le thym, la lavande, la violette, la pensée, etc. Celui du pied d'alouette et de la capucine porte un appendice auquel on donne par analogie le nom d'*éperon*, et le calice est dit *éperonné*.

Dans la *corolle*, la feuille est modifiée plus complètement, et pourtant ce sont encore des feuilles que les *pétales*, malgré la

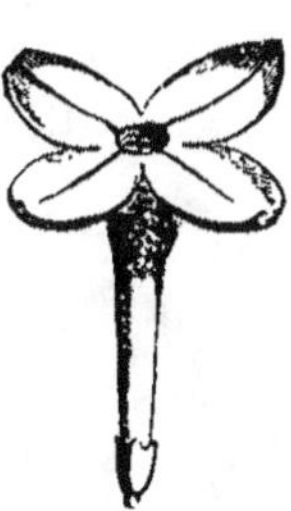

COROLLE DE LA FLEUR DE LILAS.

FLEUR DE GIROFLÉE.

vivacité et la variété de leur coloris. La couleur verte est particulière à la feuille proprement dite ; cependant, un grand nombre de plantes ont un feuillage coloré qui peut rivaliser d'éclat avec les pétales : celui de la vigne vierge, par exemple. Aussi, pour le vulgaire c'est la corolle brillante qui caractérise la fleur ; où la corolle est absente, il n'existe pour lui pas de fleurs. Ce qui, pour le botaniste, n'est qu'un organe accessoire et non indispensable, cette enveloppe élégante, gracieuse, qui attire et charme les regards, est pour le profane la véritable fleur.

Les corolles ne sont pas moins variées que les calices; elles le sont peut-être davantage, car, outre les diversités de la

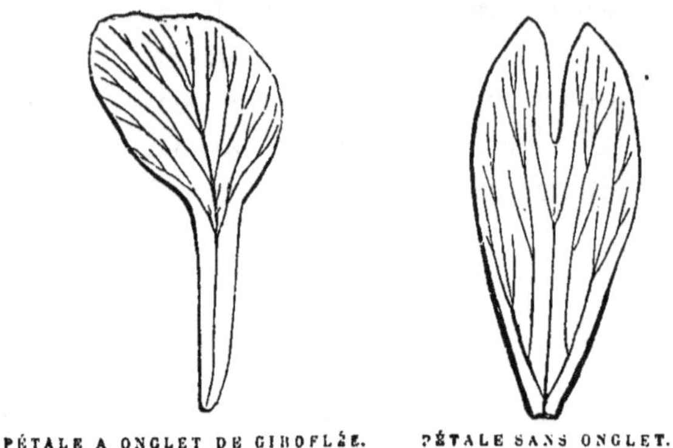

forme, il y a celles de la couleur et des nuances. La corolle peut être d'une seule pièce ou *gamopétale*, c'est-à-dire à pé-

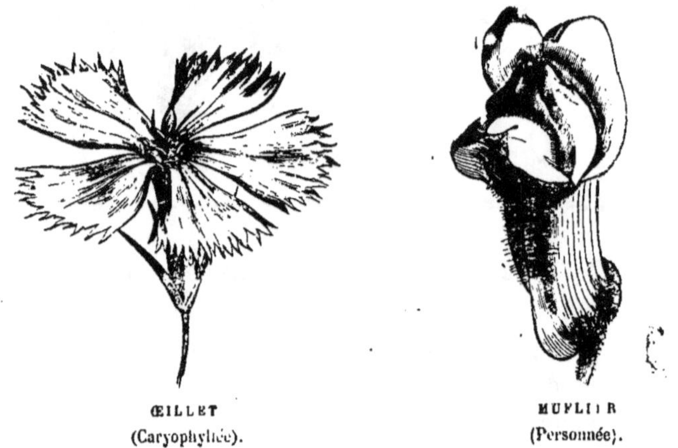

tales unis et soudés pour ainsi dire, comme on le voit dans le volubilis; ou bien les pétales sont distincts comme autant de

feuilles : la corolle est alors *polypétale* ou à plusieurs pétales ;
la fleur de la giroflée est polypétale ; celle de l'œillet également-
ment.

Quel que soit le nombre des pétales, la corolle peut être
régulière ou *irrégulière*. La corolle d'une seule pièce est régulière lorsque tout est symétrique autour de l'axe de la

FLEUR DU LISERON
(Campanulée).

FLEUR DE GÉRANIUM.

fleur ; elle présente alors soit la forme d'une soucoupe comme
dans le lilas, le jasmin, ou d'une cloche comme dans la cam-
panule, ou d'un entonnoir comme dans le volubilis, le liseron,
ou d'une urne comme dans la bruyère, ou d'un tube comme
dans la consoude, ou d'une roue comme dans la bourrache.
La corolle est irrégulière dans la plupart des plantes aroma-
tiques : sauge, lavande, thym, romarin, etc. Les bords sont
découpés irrégulièrement, de manière à simuler deux lèvres
inégales (*labiées*). Elle est irrégulière dans la digitale et présente la forme d'un doigt de gant dont le bord n'est pas
uniforme ; elle est éperonnée dans l'ancolie, la violette, etc.

elle offre l'aspect d'un masque ancien dans la gueule-de-loup.

A leur tour les corolles à pétales distincts sont régulières ou irrégulières, selon que les pétales sont ou non égaux et symétriquement disposés autour du centre de la fleur. Dans la fleur du fraisier, la corolle est régulière; dans celle du haricot, elle est irrégulière.

Parmi les premières on trouve : la corolle *rosacée*, qui est celle de la fleur de presque tous les arbres fruitiers et de la rose sauvage ou églantier; celle, en forme de croix ou *crucifère* du chou, du radis; celle en forme de clou de girofle, dont l'œillet est le type.

Parmi les polypétales irrégulières, tout le monde connaît la fleur des haricots, des fèves, des pois et en général de la plupart des légumes, dont la forme rappelle celle des papillons et qui pour cette raison est dite *papilionacée*, et celles de la pensée, de la violette, de la capucine, du pied d'alouette, qui n'ont pas reçu de nom particulier et dont l'irrégularité est très apparente.

Le microscope ne vous révélera rien que nous n'ayons vu déjà dans les feuilles : un épiderme, des stomates, des chambres aériennes et des cellules qui, au lieu de granulations vertes, renferment des granulations de couleurs variées.

Les granulations colorées ne sont pas les seules causes de la couleur des fleurs; l'état de la surface des pétales produit certaines modifications de la lumière, ainsi que l'aspect velouté uni, rugueux, terne ou éclatant. Ne sait-on pas que quelques raies fines et parallèles tracées sur la surface d'un corps incolore suffisent pour le parer des plus riches nuances. Les couleurs des coquilles n'ont pas d'autre origine. En appliquant fortement de la cire molle sur un fragment de nacre, on peut obtenir une empreinte fidèle : la cire reproduit les aspérités régulières de la nacre et en même temps ses vives couleurs. Lorsqu'on examine l'épiderme des pétales, on constate des aspérités ou papilles de formes très diverses et caractéristiques

pour une même fleur, ou encore la présence d'un duvet ou de
poils d'une finesse extrême.

Étamines : filet, anthère, pollen, fovilla. — Pistil : ovaire, style, stigmate.

Continuons notre examen de la fleur : ce qui nous reste à
étudier est précisément le plus important, et ce qui pour les
botanistes compose la fleur proprement dite, c'est-à-dire les
organes producteurs de la graine ou de l'œuf de la plante.

Le *pistil* contient ces œufs et les étamines portent une
poussière, le *pollen*, dont ces œufs doivent être saupoudrés
pour ainsi dire. Les graines ne
peuvent donner naissance à une
plante qu'autant qu'elles ont reçu
le pollen. Le pistil se compose
du réceptacle ou *ovaire*, qui contient les futures graines, lequel
est surmonté ou non par un tube
ou *style*, dont l'ouverture plus
ou moins modifiée porte le nom
de *stigmate*. L'*étamine*, ou plutôt
les étamines, portent des sachets
ou *anthères* remplis de pollen,
le plus souvent à l'extrémité d'une
tige déliée ou *filet*. Tout le monde
a vu le pollen jaune du lis et de

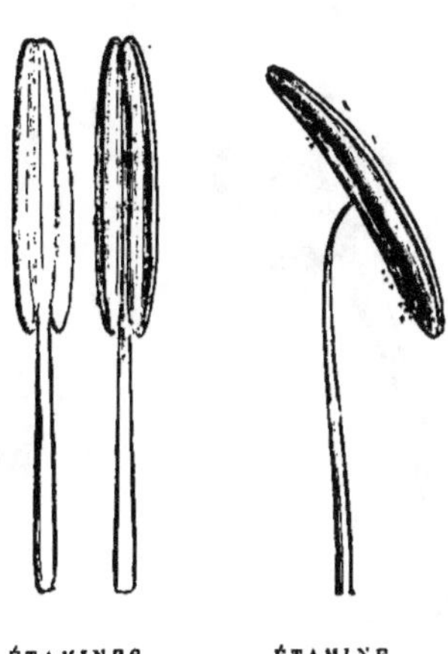

l'iris; les longues étamines et le pistil du lis sont très visibles; mais l'être microscopique, c'est le grain du pollen. Sa
couleur varie d'une fleur à une autre; le plus souvent jaune
plus ou moins foncé, il est quelquefois gris, blanc, violet,
etc. C'est une poussière très fine, plus fine que la farine
et la fleur de soufre.

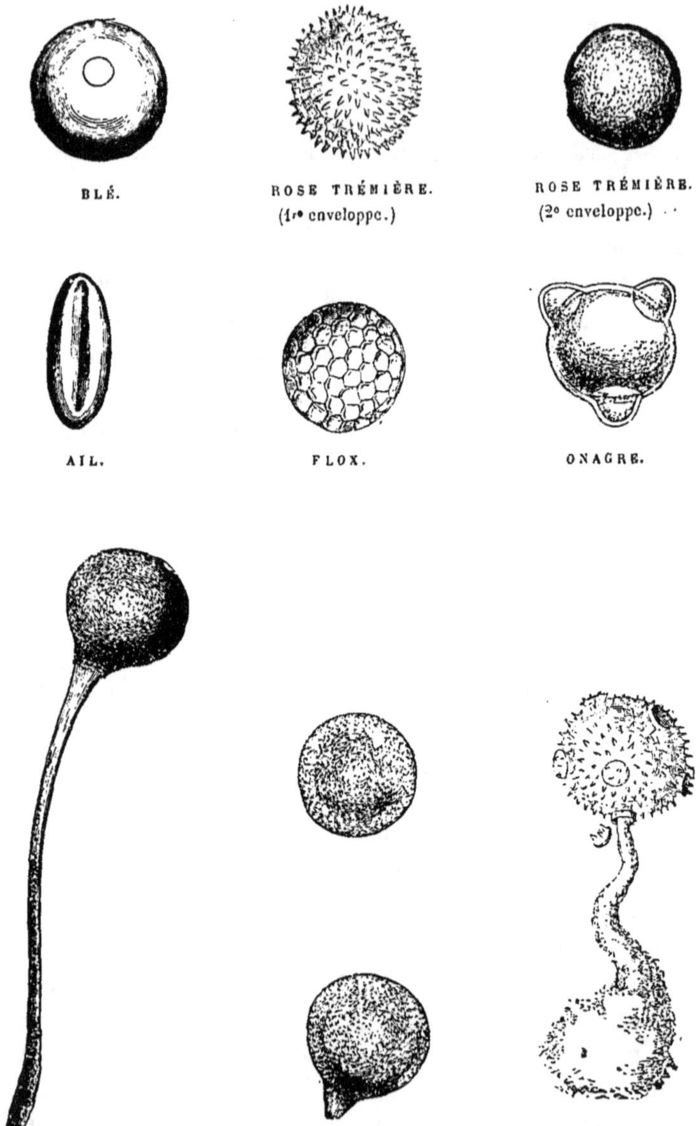

BLÉ.

ROSE TRÉMIÈRE.
(1re enveloppe.)

ROSE TRÉMIÈRE.
(2o enveloppe.)

AIL.

FLOX.

ONAGRE.

GRAIN DE POLLEN ÉMETTANT   GRAINS DE POLLEN.   POLLEN DU MELON.
LE TUBE POLLINIQUE,

Toute poussière, si fine qu'elle soit, est composée de petits fragments ou de grains de formes très variées; les uns ont la forme d'un œuf, d'autres d'une boule ou d'un bouchon de verre à facettes, ou de polyèdres plus ou moins réguliers, à

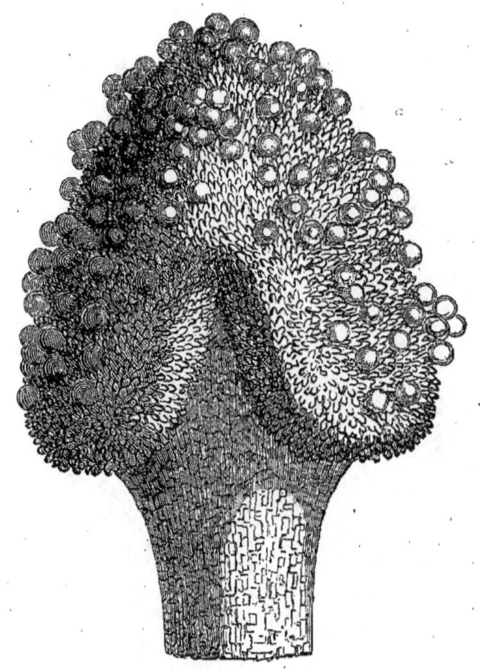

faces plus ou moins nombreuses. Leur surface est plus ou moins unie et tachetée d'une manière uniforme sur tous les points.

De même grosseur pour les fleurs d'une même plante, les grains de pollen varient de grosseur d'une plante à l'autre. Les plus petits ont sensiblement les dimensions de nos globules sanguins, les plus grands ont une épaisseur d'un cinquième de millimètre.

Si petits que soient ces grains, ils en contiennent d'autres

qui nagent dans un liquide (*fovilla*) renfermé dans les grains
de pollen. Le grain est donc un corps creux dont l'écorce est
formée de deux enveloppes ou membranes naturellement fort
minces. L'extérieur, criblé de trous, laisse voir l'intérieur;
c'est là ce qui forme les taches dont la surface du grain est
parsemée.

La graine, avant qu'elle ait reçu le pollen ou l'*ovule*,
comme disent les botanistes, n'est pas encore une graine

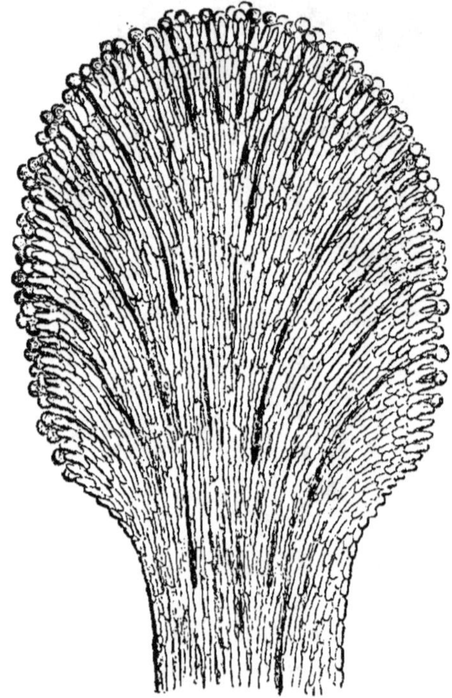

LE MÊME A L'INTÉRIEUR.

vraie, une graine qui puisse vivre, se développer jusqu'à la
maturité. Elle ne donnerait pas naissance à une plante semblable à celle qui l'a portée; elle se flétrirait bientôt, et l'enveloppe qui contient tous les ovules (*ovaire*) avec elle. Encore,

dans ce cas, le microscope va nous montrer des infiniment petits accomplissant leur tâche; nous voyons avec son aide les grains de pollen répandus par les étamines, qui viennent s'abattre sur les bords du *stigmate* et y restent fixés par le liquide gluant qui suinte de ses bords.

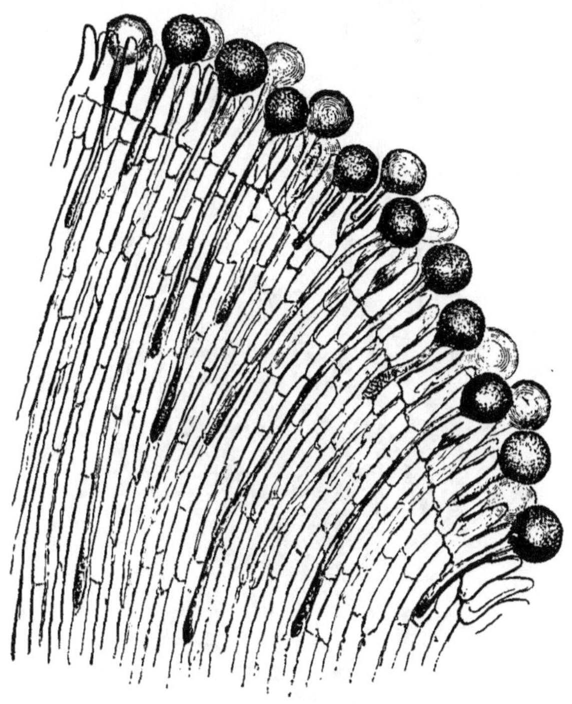

PORTION DU STIGMATE TRÈS GROSSIE

Bientôt ces grains humectés se gonflent, se gonflent de plus en plus, et la membrane interne passe à travers les pores de la membrane externe. Elle s'y effile, pour ainsi dire, comme le métal qui traverse les trous de la filière; il se forme un bourrelet; le bourrelet s'allonge et devient un tube; le tube s'allonge à son tour, il se développe dans toute la longueur

du pistil, jusqu'à ce qu'il ait atteint l'ovaire. Son extrémité se
dirige alors vers un ovule en un point déterminé (*micropyle*)
et y verse la *fovilla*.

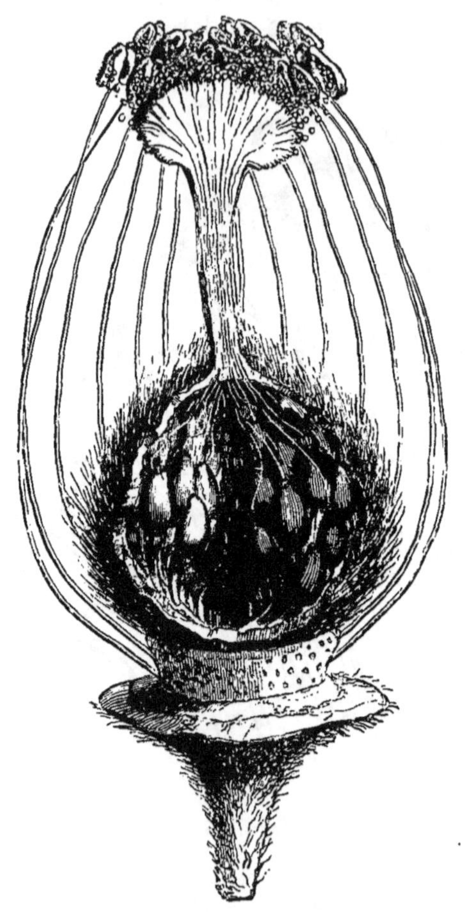

OVAIRE OUVERT DU DATURA POUR MONTRER LES OVULES
RECEVANT LE POLLEN.

Désormais, les graines qui ont reçu la vie vont se développer et avec elles l'enveloppe, l'ovaire, dont les parois
s'épaississent et se gonflent de sucs. Ainsi se forme le fruit.

Les algues. — Le trichodesmie rouge. — Le fugus nageant. — Graines animées.
Animaux-graines.

Qu'on se figure ce qu'il y a de plus simple dans l'organisation végétale : des plantes sans fibres, sans vaisseaux, sans
feuilles, sans racines même, composées d'une tige dont toutes
les parties sont semblables, dont la texture est uniforme,
homogène dans tous les points ; une succession de parties
identiques et comme soudées entre elles : telles sont les
algues. Malgré cette simplicité de structure et
d'organisation, elles possèdent les formes les
plus variées : tantôt elles se réduisent à de
simples filaments, comme les conferves de nos
ruisseaux ; tantôt elles ressemblent à des rubans, comme les varechs, dont les vagues rejettent les débris sur nos plages ; d'autres
sont des masses informes où l'on ne saisit
aucun contour, aucune physionomie. A cette
variété de formes s'ajoute celle des couleurs :
comme elles ne portent point de fleurs, elles
parent leurs tiges des couleurs dont les fleurs
sont habituellement revêtues. La plante entière se fait fleur. Rien ne l'arrête dans sa
croissance, pourvu que l'espace ne lui manque

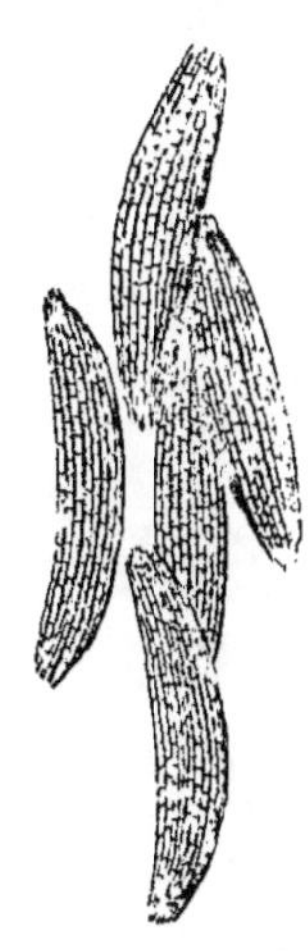

TRICHODESMIE
ROUGE.

pas ; toujours de nouveaux éléments, semblables aux anciens, s'ajoutent à ceux-ci. Ainsi l'algue grandit indéfiniment. Peu étendue dans les ruisseaux, elle acquiert dans
les mers profondes des dimensions prodigieuses. C'est une
algue microscopique, la *trichodesmie rouge*, qui donne à la
mer Rouge les reflets rougeâtres qui lui ont valu le nom
qu'elle porte ; c'est une autre algue, le *fucus natans* ou *sargasse*, qui forme cette couche épaisse et verdâtre, enveloppée

par le Gulf-stream au milieu de l'Atlantique, que Colomb appela les prairies de la mer, et où le navire du célèbre navigateur faillit être arrêté. Ce sont aussi des algues que ces sortes de fines chevelures vertes qui abondent dans les fossés aux eaux vives dont le courant les balance mollement. Sur les rochers lavés par les sources, sur la margelle des bassins de

nos parcs, aussi bien que dans les solitudes des océans polaires, partout on rencontre les algues, non moins nombreuses que les animalcules qui dans le règne animal présentent la même simplicité d'organisation.

Mais c'est surtout par leur mode de propagation qu'elles

sont curieuses, et c'est aussi par là qu'elles font partie des
infiniment petits. Le plus simple des végétaux est en même

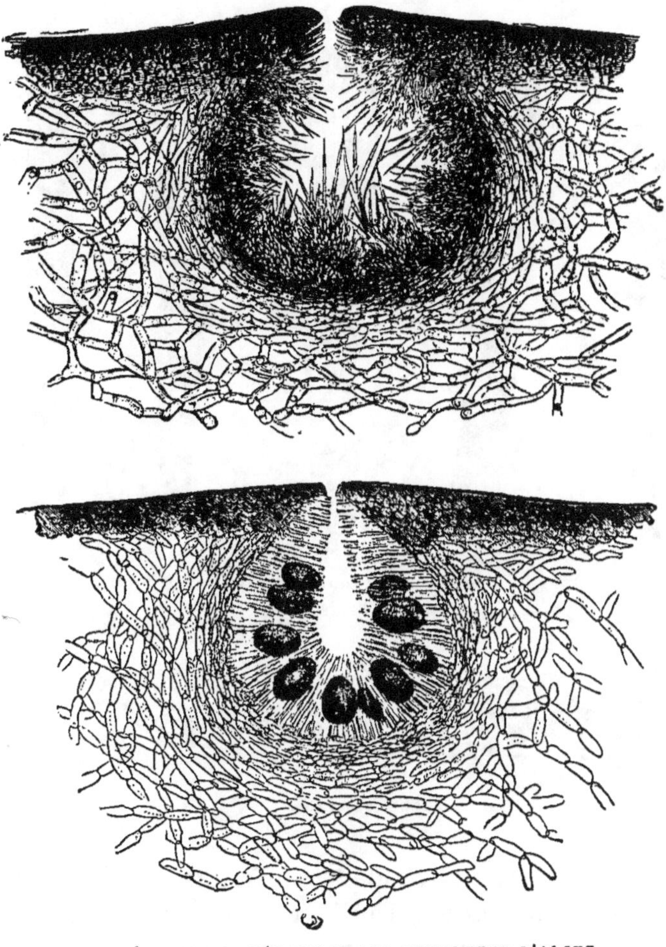

a, Poche contenant les anthérozoïdes. — *b*, Poche contenant les spores.

temps un des plus féconds. Tantôt l'algue laisse échapper
une graine animée, rivale des animaux, et même supérieure
aux animaux privés de mouvement ; tantôt elle obéit à la

loi générale et produit l'équivalent de l'ovule et du pollen
des végétaux supérieurs. Chez les vaucheries la matière verte

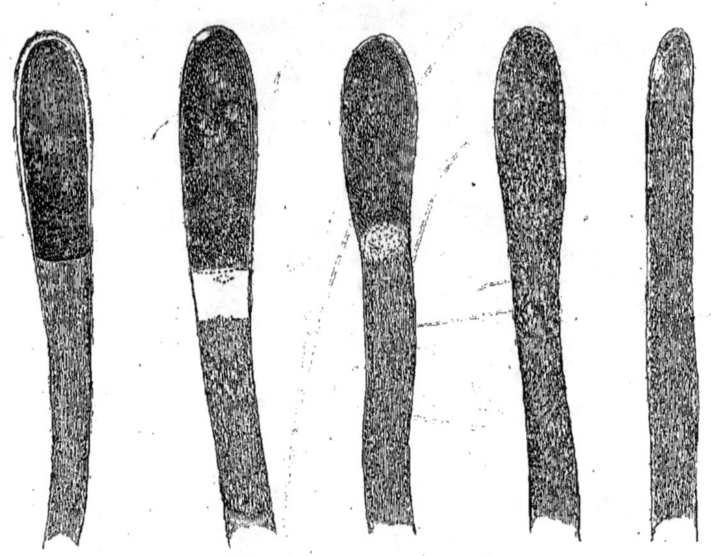

VAUCHERIE, ALGUE DES MARAIS.
Formation de la spore à l'extrémité des filaments.

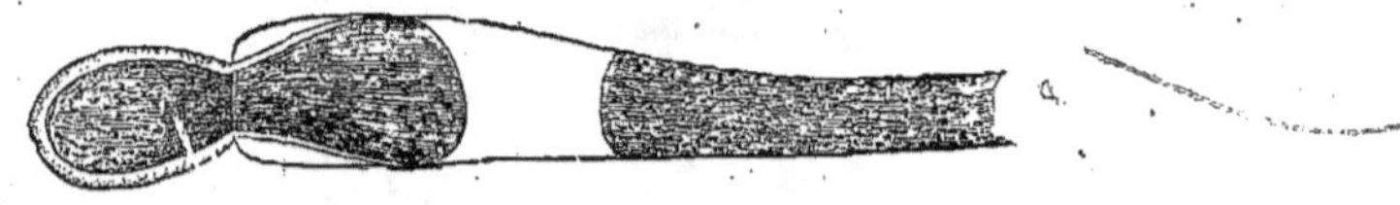

SPORE SORTANT.

est contenue dans les extrémités des filaments, qui prennent
alors la forme de massues. Là elle se rassemble, se concen-
tre, se condense et finit par donner naissance à une graine
animée (*zoospore*), qui se conduit comme un infusoire doué
d'une grande mobilité. Ce sont là des infiniment petits; c'est
à ce titre que les algues trouvent ici une place. Certaines
algues les laissent échapper par l'extrémité de leurs rameaux
(*sporange*). Avant leur sortie, on les voit s'agiter tumultueu-

sement et imiter les frémissements d'un liquide en ébulli-
tion (Thuret).

Bientôt après l'extrémité du rameau crève, et les graines de

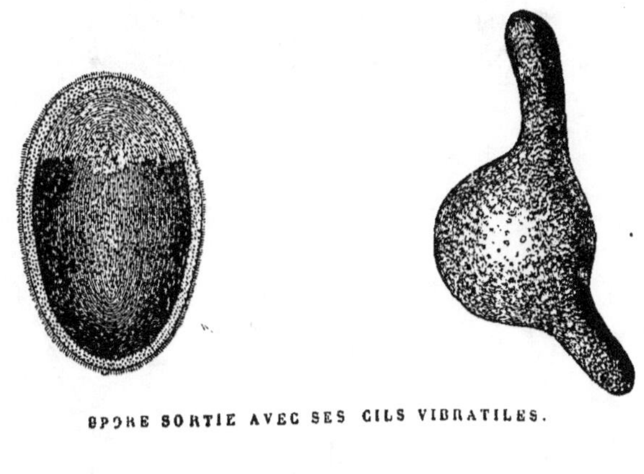

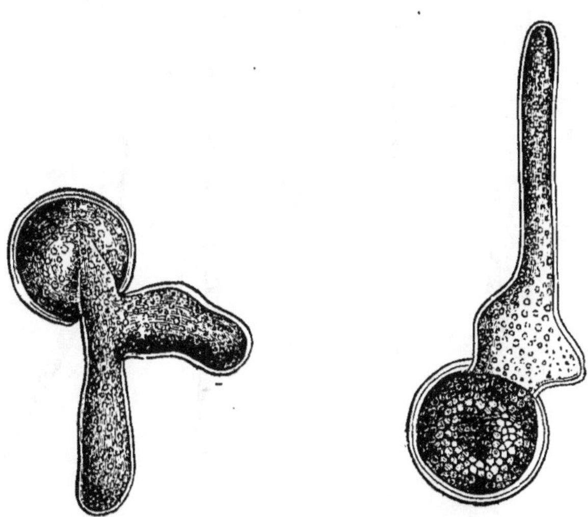

s'élancer comme si elles étaient chassées du dedans au dehors.
Les graines de vaucheries, en forme d'œuf, ont environ 0,3 de
millimètre; mais il y en a de beaucoup plus petites. Les

graines d'ulotrix ont la forme de fuseaux. C'est à l'aide de cils
que ces singulières graines se déplacent. Tantôt ces cils, très

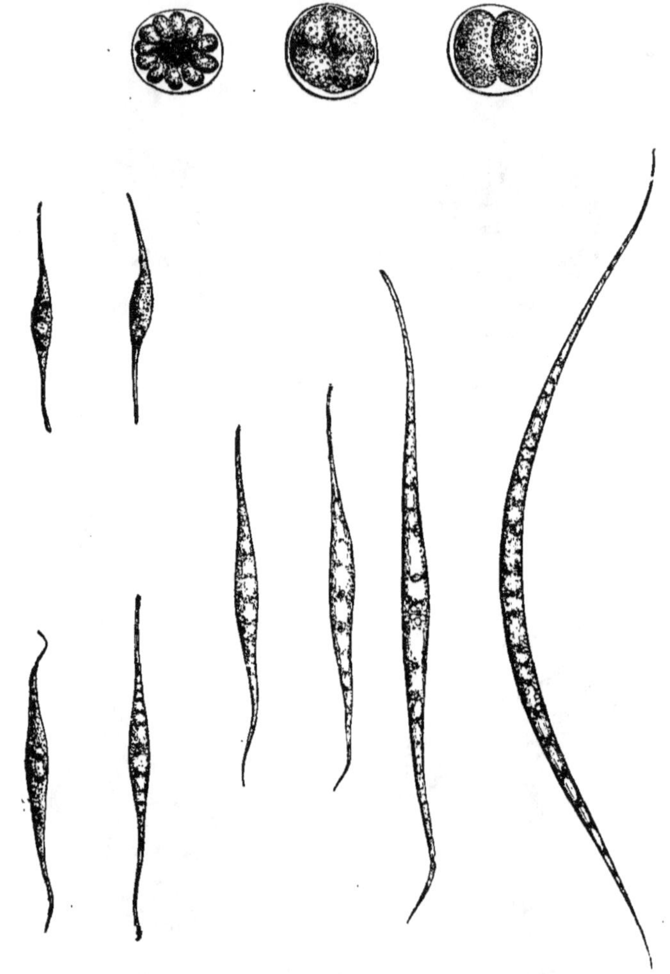

nombreux, sont répandus sur toute la surface de la graine, où
ils sont quelquefois disposés en cercles, tantôt il n'en existe que

quatre ou même simplement deux à chacune des extrémités

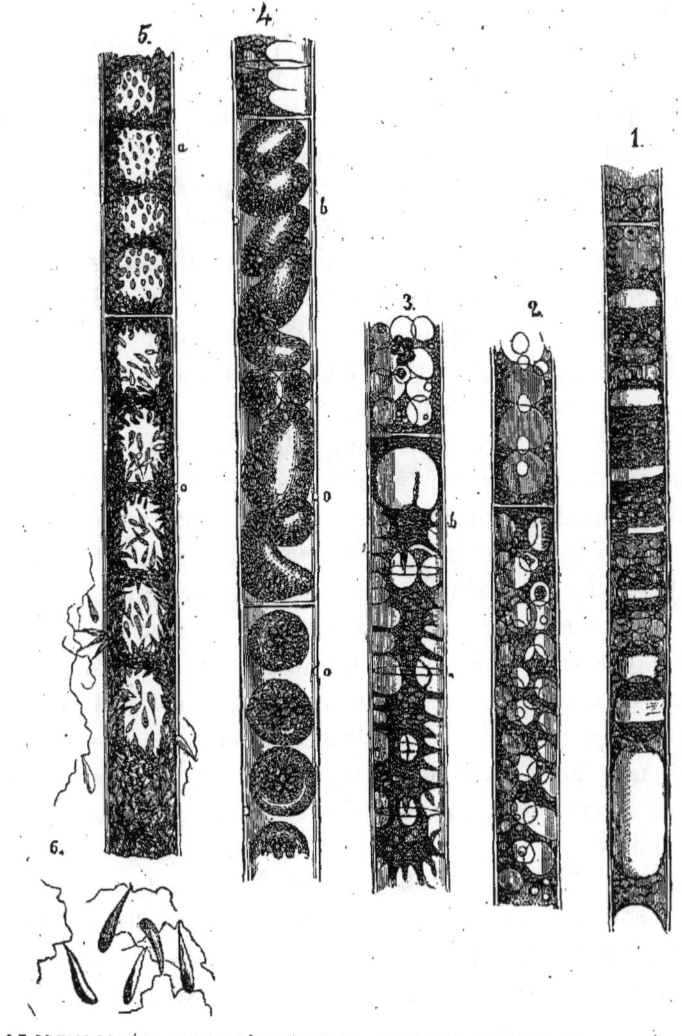

LE SPHÆROPLÉE, ALGUE D'EAU DOUCE, AVEC LES CORPUSCULES ANIMÉS.

de la graine, qui répondent à la pointe et au gros bout d'un
œuf dont ces graines ont sensiblement la forme. Celui qui

est à la pointe semble être une rame, et l'autre un gou•
vernail.

Les cils s'agitent avec tant de rapidité, qu'on a de la peine
à les voir; mais on parvient à ralentir leurs mouvements avec
un peu de laudanum ou de chloroforme. On peut encore,
en colorant légèrement l'eau, observer le jeu des cils, qui
chassent dans tous les sens les corpuscules colorés en suspension dans le liquide. Les mouvements sont loin d'être doux et
réguliers; on dirait que ces petits corps ont parfois des mouvements d'impatience et cèdent à des caprices. Ils s'avan-
cent doucement, nagent régulièrement, puis tout à coup bon-
dissent, s'élancent par un mouvement brusque et saccadé;
puis reviennent sur leurs pas, restent un instant immobiles et
se remettent en marche. En général, au bout d'un jour ils
se fixent et se mettent à germer, on en a vu cependant qui
ont conservé leur mobilité pendant deux ou trois jours.

Dès qu'elle est fixée, la graine perd ses cils; une sorte de
fine racine se développe sur un point, et les cellules se forment
en abondance sur le point symétrique. C'est ce mode de développement qui permet de les distinguer de certains infusoires avec lesquels on peut aisément les confondre dans la
première partie de leur existence. Il y a en effet ressemblance
dans la forme, la couleur, les mouvements si curieux, et qui
paraissent volontaires, etc. Il n'est pas jusqu'à l'action de la
lumière qui ne produise sur les uns et sur les autres les
mêmes effets : tous se dirigent vers la paroi du vase tournée
du côté de la lumière, soit qu'on éclaire artificiellement le vase
d'un seul côté, soit qu'on l'expose devant une croisée. L'abondance des graines ou des infusoires se trahit par la couleur
plus ou moins vive que prend l'eau le long de la paroi éclairée.
Vient-on à retourner le vase, aussitôt les graines de se déplacer
et de venir sur la paroi précédemment abandonnée, qui prend
des teintes vert ou marron, selon les espèces, tandis que le
liquide s'éclaircit du côté opposé.

Outre ces graines animées, il existe dans le même groupe végétal des graines inanimées (*spores*), si l'on peut parler ainsi. Ces graines restent inertes tant qu'elles n'ont pas reçu l'impulsion de petits corps fort singuliers (*anthérozoïdes*), qui tiennent beaucoup plus de la nature animale que de la nature végétale, bien qu'ils naissent sur le végétal. Ces aspirants animaux, pourvus de cils, sont doués d'une mobilité extrême. Dans leurs mouvements ils tendent à s'approcher des graines, s'en approchent en effet, les touchent, semblent leur transmettre le mouvement et la vie qu'ils possèdent, et, cette transmission accomplie, ils rentrent dans le repos. Alors la graine est devenue capable de donner naissance à une plante, et la végétation commence aussitôt.

Les petits êtres sont d'abord renfermés dans des poches, comme le pollen est contenu dans les anthères; les poches

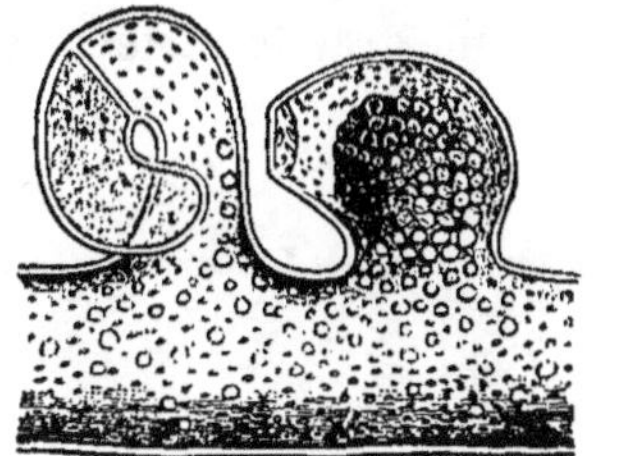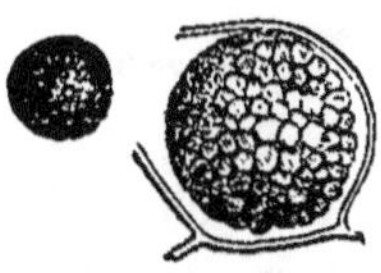

CORPUSCULES ANIMÉS DE LA VAUCHERIE PÉNÉTRANT
DANS LA POCHE AUX SPORES.

sont de diverses formes, et à la partie supérieure, en un point remarquable par sa couleur orangée, la poche se rompt et les corpuscules se répandent au dehors.

Tantôt les graines et les corpuscules vivifiants sont produits par la même plante, tantôt ils naissent sur des plantes différentes, mais de même nature. La manière dont ils se dégagent varie selon les espèces : chez les *mousses* toute la masse des corpuscules est mise en liberté d'un seul coup; chez les *chava* ils s'échappent isolément d'un mouvement brusque.

Certaines algues d'eau douce, les vaucheries, jouissent du double mode de reproduction : elles pondent des graines animées et des graines inertes.

Les corpuscules vivifiants (*anthérozoïdes*) varient de forme, de dimensions, d'aspect chez les diverses espèces de plantes qui les portent. Ceux des varechs rassemblent à s'y méprendre aux graines animées des algues : même forme, même grandeur, mêmes cils. On pourrait les confondre, et les observateurs les ont en effet confondus pendant un temps; mais tandis que la graine (*zoospore*) donne naissance à la plante, le corpuscule animé se décompose sans rien produire.

Ceux des vaucheries ont la forme de bâtonnets et sont également munis de cils. Ceux des chavas sont semblables à des fils enroulés comme un fragment de trachée; d'autres sont circulaires ou spiraux comme les ressorts de montre, ou en rubans enroulés en forme d'hélice. Tous sont pourvus de cils et doués d'une mobilité extrême unie à une grande variété de mouvements.

Les champignons : le pied, le chapeau, le mycélium. — Les spores.

Les champignons entrent pour une part assez large dans notre alimentation, au moins comme condiments. Certains sont même fort recherchés : les truffes par exemple. Le vulgaire croit que ce que l'on mange constitue la plante tout entière, tandis que ce n'en est qu'une partie. Il faut fouiller la terre au pied du champignon pour trouver le reste de la plante, qui se compose de filaments entrecroisés, ramifiés, formant une sorte de tissu feutré plus ou moins épais et plus ou moins dense selon l'espèce. C'est ce tissu qui porte le champignon, comme un rameau porte les fleurs.

Ces singulières plantes n'ont ni racine, ni tiges, ni feuilles;

elles sont formées d'un tissu mou, spongieux, élastique, composé uniquement de cellules. Leurs couleurs sont très variées : il en est de noirs, comme les truffes ; de blancs, comme l'agaric ou champignon de couche ; de jaunes, comme les chanterelles ; de fauves, comme les morilles ; mais la couleur verte manque toujours, et si l'on se souvient des fonctions des parties vertes des plantes, on peut prévoir que les champignons ne vivent pas par eux-mêmes, qu'ils sont des parasites.

La partie souterraine, le *mycélium*, comme l'appellent les botanistes, est le corps de la plante, dont le champignon proprement dit est le porte-semences.

On distingue dans le champignon deux parties principales, le *pied* et le *chapeau*. Ce dernier est arrondi en forme de parasol.

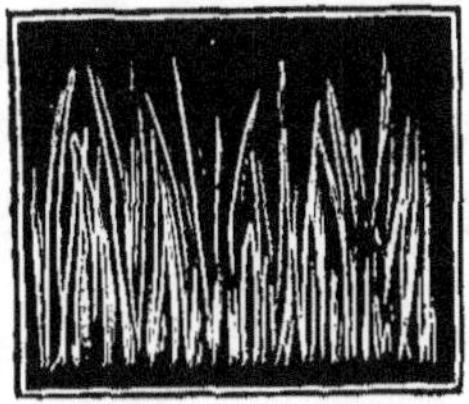

MOISISSURES (*aspergillus*).

MOISISSURES (*lepra*).

Au-dessous du chapeau on voit des lames fines, inégales, translucides, disposées comme autant de rayons matériels du centre à la circonférence. Les semences ou *spores* sont portées par ces lames : ce sont des infiniment petits. Certains champignons eux-mêmes, ceux de la vigne et de la pomme de terre, doivent être aussi rangés parmi les corps microscopiques.

Lorsqu'on sème les spores sur du sable mouillé ou simplement sur des lames de verre, elles donnent naissance au mycélium. Les champignons viennent à la suite, ainsi que les fleurs après la plante qui les porte. La rapidité avec laquelle les champignons croissent est proverbiale. *Pousser comme un champignon* est le dicton par lequel on exprime une croissance très rapide. Quelques heures suffisent pour les voir surgir sur des points où rien n'avait eté aperçu auparavant. Cependant une observation attentive eût révélé la présence du mycélium, de cette partie vivante moins apparente que le champignon.

La ménagère qui n'a pas recouvert avec soin ses pots de confiture voit la surface de la confiture se recouvrir de moisissure. On dirait un duvet très fin, velouté, de couleur variée. Avant d'enlever cette moisissure, regardons-la au microscope : c'est une forêt de champignons d'une petitesse extrême dont les spores se trouvaient dans l'air. Vus au microscope, on dirait une touffe de hautes herbes. Chacun de ces brins sera bientôt couronné d'un pompon, d'où s'échapperont ensuite des milliers de spores.

Le muguet dont souffrent les jeunes enfants est une végétation analogue qui se développe dans l'intérieur de la bouche. C'est une moisissure semblable à celle qui recouvre la confiture. La teigne est aussi un champignon. Ainsi les champignons ne se développent pas seulement sur les végétaux.

Certaines moisissures se développent à la surface des animaux noyés, particulièrement des mouches qui flottent sur l'eau; elles peuvent se reproduire de deux manières, soit par des germes mobiles (*zoospores*) dont il a été question à propos des algues, soit par des spores. Ce fin duvet blanchâtre qui recouvre la mouche morte, et quelquefois même les poissons vivants, est composé de filaments transparents d'une extrême finesse, tantôt simples, tantôt rameux et disposés en rayons sur le corps de l'animal comme les épingles sur une pelote arrondie.

Nous pouvons suivre comme chez les algues le curieux travail qui s'accomplit dans ces filaments. Les granulations s'accumulent à l'extrémité supérieure de chaque filament, l'extrémité se sépare du reste, les granulations se groupent en petites agglomérations et forment des graines animées qui s'agitent, se pressent, grouillent à l'extrémité renflée. Bientôt ce renflement crève et les graines s'échappent. En moins d'une heure on voit se dérouler cette succession de phénomènes qui ne causent pas moins d'étonnement que d'intérêt. Les graines se meuvent pendant un temps fort court, puis elles se fixent et la germination commence.

Les champignons puisent dans les milieux où ils naissent et où ils vivent une partie de leur nourriture, et accélèrent la décomposition et la disparition des végétaux et des animaux sur lesquels ils se fixent. Mais, tandis que d'un côté ils contribuent à détruire, d'un autre côté ils contribuent à édifier, car par leurs propres débris ils favorisent le développement d'une nouvelle végétation.

L'oïdium.

On se souvient encore de cette maladie qui attaqua nos vignes il y a une trentaine d'années. On reconnut la présence

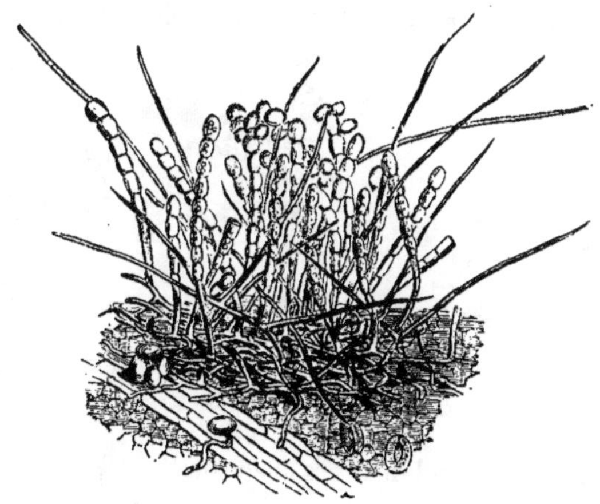

CHAMPIGNONS DE LA VIGNE; APPAREIL REPRODUCTEUR.

d'un champignon, l'oïdium, sur les feuilles et sur les grains de raisin, et le soufre en fleurs fut depuis cette époque préconisé comme le moyen le plus efficace pour tuer le parasite. Ce champignon recouvre les feuilles d'une toile fine et légère formée de ses filaments; il enveloppe de même les grains d'une toile à mailles plus étroites qui les étouffe,

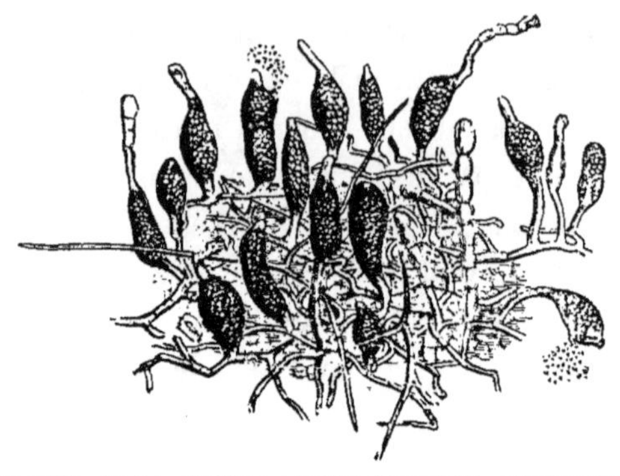

CHAMPIGNON DE LA VIGNE; AUTRE APPAREIL REPRODUCTEUR.

pour ainsi dire, en détruit et en dessèche la peau, qui est bientôt déchirée par le développement du fruit.

Sur un seul grain peuvent naître plus d'un million de

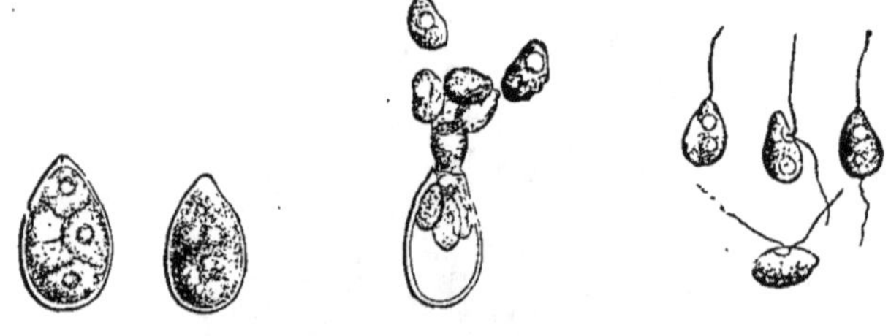

GERMINATION DES SPORES DU PARASITE DE LA POMME DE TERRE
(PERONOSPORA).

spores; on comprend dès lors avec quelle déplorable facilité un semblable parasite peut se propager. La forme dernière et parfaite ne s'est pas produite en Europe; aussi a-t-on pensé qu'il était de provenance américaine. Les vignes américaines nourrissent un parasite semblable. Un autre champignon microscopique de la même famille (*érysiphe*), qui est connu et redouté des horticulteurs sous le nom de *blanc* et de *meunier*, se développe sur le pêcher : ce qui lui a valu le troisième nom de *lèpre du pêcher*. Un autre dévaste en partie les houblonnières.

La maladie de la pomme de terre n'a pas causé moins de terreur que celle de la vigne, et comme celle-ci elle est due à un champignon (*péronospore*). Le mycélium se répand dans l'épaisseur des feuilles, qui prennent une teinte noirâtre, se dessèchent et pourrissent : les germes sont ensuite entraînés par l'eau dans l'intérieur de la terre et atteignent les pommes de terre elles-mêmes.

Les champs de blé sont pleins de promesses, la moisson s'annonce abondante, le laboureur se réjouit, ses efforts ne seront pas perdus. Voici que tout à coup les feuilles jaunissent et se flétrissent, les fleurs se fanent, les épis s'alanguissent. Sur toutes les parties de la plante, sur les feuilles, la tige, les glumes, sur les grains même on voit des myriades de petites taches jaunâtres plus ou moins allongées, légèrement saillantes. Si vous saisissez les feuilles, une poussière fine, menue comme celle qui se détache des ailes de papillon, reste adhérente à vos doigts. Examinée au microscope, cette

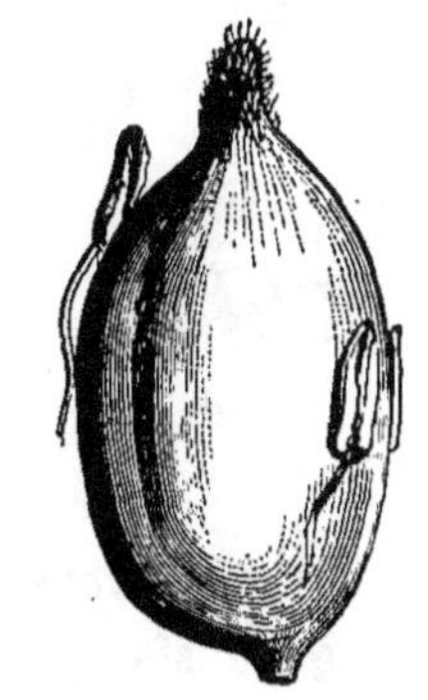

GRAIN DE FROMENT CARIÉ.

poussière se résout en une multitude de champignons. C'est ce qu'on nomme la *rouille*, à cause de la couleur que prennent les plantes qui en sont infestées.

Ce champignon microscopique n'est pas vénéneux, fort heureusement; mais la plante souffre, elle est malade : elle fournira peu de grains et des grains mal venus, la récolte sera médiocre en quantité comme en qualité. On s'est longtemps demandé d'où venait ce fléau, et les recherches ont été vaines jusqu'au jour où l'on a constaté que le voisinage de l'épine-vinette est funeste aux moissons. — L'épine-vinette est un arbrisseau assez élégant, qui porte des grappes à demi tombantes de fruits rouges d'un fort joli effet. — Que vient faire ici l'épine-vinette? Elle porte le champignon de la *rouille* dans un pre-

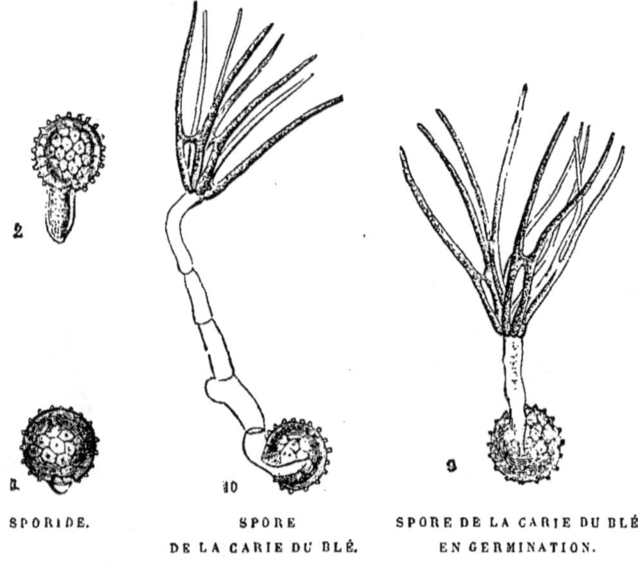

SPORIDE.   SPORE   SPORE DE LA CARIE DU BLÉ
DE LA CARIE DU BLÉ.   EN GERMINATION.

mier état. Vous vous souvenez de ces animaux qui non seulement se transforment, mais ne peuvent traverser toutes les phases de leur existence qu'autant qu'ils changent de milieu. Le ver solitaire, par exemple, vit sous deux formes différentes dans le corps d'animaux distincts. Eh bien, le champignon de la rouille existe sous sa première forme sur l'épine-vinette et va terminer sa carrière sur les épis des céréales. Deux milieux différents sont nécessaires à ces êtres

singuliers pour vivre toute leur vie ; or rien n'est plus propre
à dérouter les savants que ces modes d'existence singuliers,
et on comprend de reste qu'ils n'aient point connu dès le début ce mode d'existence. Des expériences précises ont permis
d'établir les faits suivants : que le voisinage de l'épine-vinette
contribue à développer la rouille dans les blés voisins ; que les

CHARBON DU MAÏS

céréales sont en bon état lorsqu'il n'existe pas d'épine-vinette
dans le voisinage ; enfin qu'il suffit de planter dans un champ
un pied d'épine-vinette pour voir la rouille s'y développer, bien
qu'on ne l'y ait jamais vue auparavant.

Voici de pauvres épis, méconnaissables, petits, chétifs, d'un vert pâle, maladifs en un mot : les grains sont noirs comme du charbon et se réduisent en poussière lorsqu'on les touche. Si le vent vient à souffler, les épis flexibles s'inclinent docilement, puis se relèvent, se recourbent de nouveau ; la surface ondule comme les flots, les épis s'entrechoquent et les grains se réduisent en une poussière que le vent balaye. Après cette agitation et ces frottements, les épis se relèvent défigurés : la charpente, le squelette seul reste. C'est un champignon, le *charbon (ustilage)*, plus funeste encore que la rouille, qui a fait le mal. Il s'attaque aux graminées et particulièrement au froment, à l'orge, à l'avoine, au maïs. Sa couleur noire lui a valu le nom qu'il porte. Il n'est pas complètement inoffensif, sans présenter pourtant des dangers sérieux.

Les épis ont le même aspect malingre et rabougri lorsque la *carie*, un autre champignon, les attaque ; mais ce dernier n'attaque pas indifféremment toutes les céréales et ne se répand pas sur tous les grains d'un même épi. On reconnaît les grains cariés à l'aspect d'abord : ils sont d'abord plus gros que les autres, puis ils diminuent et se rident ; il ne sont pas moins différents à l'intérieur : si on les écrase, on trouve au dedans une matière grasse au toucher et qui exhale une odeur fétide. La carie est contagieuse ; des grains malades elle passe aux grains sains ; l'eau elle-même peut se charger du principe malfaisant et en infester à son tour la terre sur laquelle on la répand.

Tout le monde a entendu parler des accidents produits par le seigle *ergoté :* il détermine l'ivresse, des spasmes, des troubles nerveux, des convulsions et, ce qui est plus grave, une gangrène rapide et sans remède des extrémités des membres. Néanmoins il est employé à dose légère comme médicament.

C'est dans la fleur même du seigle, à la place du pistil, que se développe l'excroissance, sèche et friable, de la forme d'un ergot de coq noirâtre, d'une longueur de deux à cinq centimètres. L'ergot fait saillie au dehors de ces deux feuilles ou

glumelles dont l'ensemble porte le nom de balle. On trouve
sur les fleurs des gouttelettes visqueuses composées de spores
de champignon. L'excroissance qui remplace le pistil est un
corps composé de filaments entrecroisés laissant des vides
entre eux ; à la surface et dans l'intérieur on remarque des
cellules sur lesquelles naissent les spores qui nagent dans le
liquide huileux. En transportant sur des fleurs saines les
spores du champignon, on y développe l'ergot. Quant à l'ergot,
il est produit par le champignon (*sphacélie*), ou plutôt il est
le deuxième état du champignon et donne naissance à un troisième (*clairceps*).

Telles sont les trois phases par lesquelles passe cet être
unique. Dans l'état intermédiaire d'ergot, le champignon
semble vivre à la manière des animaux hibernants ou comme
la chrysalide des insectes. C'est une chrysalide végétale.

Sur le maïs aussi se développe l'ergot : les hommes et les
animaux qui se nourrissent de maïs ergoté perdent les uns
leurs cheveux, les autres leurs poils et leurs sabots ; les poules
doivent à l'ergot de pondre plus rapidement, si bien que
l'œuf sort sans coquille, celle-ci n'ayant pu se former.

L'ergot agit sur les fibres musculaires : il détermine leur
contraction ; or, comme les veines et les artères ont une paroi
fibreuse, si cette paroi se resserre, l'écoulement du sang se
trouve ralenti. Ainsi s'explique l'emploi de l'ergot contre les
hémorragies.

Un grand nombre d'épidémies que l'histoire a enregistrées
ont eu pour cause l'ergotisme.

LES INFINIMENT PETITS CHEZ LES MINÉRAUX

LES INFINIMENT PETITS CHEZ LES MINÉRAUX

Nous allons maintenant examiner l'infiniment petit dans le règne minéral. Ce n'est plus ici une cellule, un être simple, primordial, microscopique, vivant; mais une molécule, une parcelle minérale qui peut exister sous les divers états, solide, liquide ou gazeux.

La pile va nous permettre tout à la fois de décomposer les corps, de dégager les éléments qui les composent, et en même temps de faire naître pour ainsi dire ces éléments, molécule à molécule. En décomposant l'eau, nous verrons ainsi surgir par bulles innombrables l'oxygène et l'hydrogène.

Dans ce but on prend un vase à l'intérieur duquel aboutissent deux fils de platine qu'on fait communiquer avec les pôles de la pile; c'est à l'extrémité de ces fils que se produisent les bulles : l'hydrogène au pôle négatif, l'oxygène au pôle positif.

Rien de plus aisé que de reconnaître l'oxygène à cette propriété qu'il ravive la combustion des corps, qu'il rallume les corps présentant quelques points en ignition seulement. On prend à cet effet l'éprouvette contenant l'oxygène et on y plonge une allumette qu'on vient d'éteindre et dont l'extrémité est incandescente : aussitôt plongée dans le gaz, l'allumette s'enflamme de nouveau.

Pour l'hydrogène, c'est autre chose. Si l'on en approche une allumette enflammée, l'allumette s'éteint, mais le gaz s'enflamme et brûle d'une flamme pâle, légèrement bleuâtre.

Rappelons que l'oxygène n'entre pas seulement dans la composition de l'eau ; il fait aussi partie de l'air. Il entre pour un cinquième environ, et plus exactement 21 pour 100, dans le mélange d'azote et d'oxygène qui compose l'air. Comme nous venons de le voir, il avive la combustion lorsqu'il est pur ; mêlé à l'azote, son action est moins vive. Si la lampe, la bougie, le gaz brûlent dans l'air, c'est l'oxygène qui se combine avec les éléments de l'huile de la lampe, des corps gras de la bougie ou du gaz de l'éclairage ; si le bois ou le charbon brûlent dans la cheminée, c'est pour la même raison ; c'est encore l'oxygène qui, en se combinant avec le carbone contenu dans le sang, entretient la chaleur et la vie. L'oxygène est le corps qu'on trouve le plus souvent associé aux divers corps de la nature : tous les corps qui portent le nom d'*oxydes*, un grand nombre de ceux qu'on nomme *acides*, sont autant de combinaisons de l'oxygène et d'un autre corps. Telles sont la potasse, la soude, la chaux, la rouille, qui sont des oxydes de potassium, de sodium, de calcium, de fer ; l'huile de vitriol ou acide sulfurique, l'eau forte ou acide azotique, le gaz carbonique ou acide carbonique.

On ne saurait être surpris de voir le même gaz se dégager de nos foyers et de nos poumons : dans l'un comme dans l'autre cas l'oxygène se combine avec le carbone, et on peut ajouter que ce carbone a la même origine, comme aussi c'est le même oxygène qui se retrouve partout ; le carbone que nous fournissons ne provient-il pas de nos aliments ? Or les aliments sont ou des végétaux analogues à ceux que nous brûlons dans nos foyers, ou des animaux qui s'en sont eux-mêmes nourris. L'huile de la lampe n'est-elle pas également un produit végétal ? Les corps gras de la bougie ne sont-ils pas fournis par les animaux herbivores ? On le voit, les mêmes éléments sont tour à tour associés puis dissociés, réunis **puis** séparés; des combinaisons se produisent, des corps **nou-** veaux se forment; puis la combinaison est détruite, les **élé-** ments se séparent et se portent sur d'autres corps. C'est **un** mouvement perpétuel, un état vibratoire permanent, d'où ré- sultent à chaque combinaison ou décomposition nouvelle les phénomènes connus sous le nom de chaleur, de lumière, d'élec- tricité, etc.

La pile ne nous a pas seulement permis de décomposer l'eau, de rompre l'invisible lien qui unit les deux éléments qui la composent; elle est également capable de décomposer les oxydes, les acides et les corps plus complexes encore, formés par la combinaison d'un oxyde et d'un acide et qu'on nomme *sels*.

D'un fragment de potasse elle fait surgir le potassium, ce singulier corps qui brûle à la surface de l'eau et au moyen de l'oxygène de l'eau; de la soude elle a permis d'extraire le sodium, de la chaux le calcium. Chacun de ces corps sort de sa combinaison molécule à molécule, c'est-à-dire par frag- ments infiniment petits, comme tout à l'heure naissaient l'oxygène et l'hydrogène.

Si l'on fait agir le courant sur un sel, l'*acétate de plomb*, plus connu sous le nom d'*extrait de saturne*, le plomb ap- paraît au pôle négatif de la pile. Des parcelles microscopiques de plomb pur, et conséquemment douées d'un éclat très vif, viennent se déposer et se grouper en arborescences cristal- lines analogues à celles que le froid fait naître en hiver sur les vitres. C'est l'*arbre de saturne*.

Disons en passant que cette expérience est le point de départ

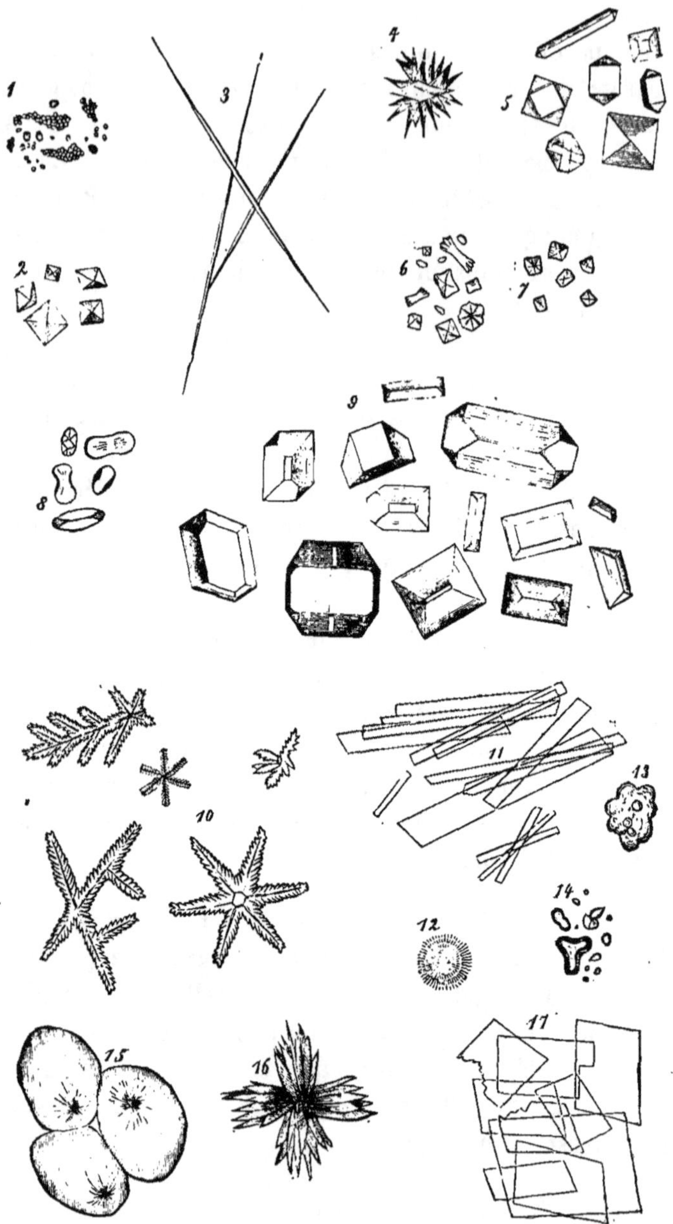

CRISTAUX DIVERS.

1, 2, 3, 4, 5, 6, 7 et 8. Oxalate de chaux.
9. Phosphate double d'ammoniaque et de magnésie (circonstances ordinaires).

10. Phosphate double d'ammoniaque et de magnésie (dans les substances organiques en décomposition)..

de la galvanoplastie, de la dorure, de l'argenture, etc. « Lorsqu'on plonge les fils de la pile dans une dissolution de sulfate de cuivre, — vulgairement nommé vitriol bleu, — les éléments de ce sel se séparent, et le cuivre est transporté au pôle négatif, où il arrive lentement, atome par atome, pour ainsi dire. Si donc on accroche au fil du pôle négatif un corps bon conducteur, le cuivre le recouvrira. Remplaçons la dissolution de sulfate de cuivre par une dissolution d'un sel d'argent, d'or ou de platine, les choses se passeront de la même manière : l'argent, l'or ou le platine iront se déposer comme le cuivre au pôle négatif, sur le corps conducteur qui s'y trouve.

« Se propose-t-on de reproduire un objet, une gravure sur bois par exemple, on applique fortement sur le bois de la gutta-percha ramollie par la chaleur, et on reproduit ainsi la gravure renversée, si l'on peut parler ainsi, c'est-à-dire que les reliefs sont représentés par des creux et réciproquement, comme l'empreinte du cachet sur la cire comparée au cachet même. L'empreinte ainsi obtenue, on la rend conductrice et on la suspend dans le liquide accrochée au fil négatif. Le métal vient s'y déposer et forme une plaque où l'on trouve fidèlement reproduite la gravure qui se trouve sur le bois.

« Lorsqu'on veut argenter ou dorer des objets, on les suspend, après les avoir convenablement préparés, au fil négatif et on les fait plonger dans la dissolution de sel d'argent ou d'or. Le métal vient se déposer sur les objets, auxquels il doit dans ce cas adhérer fortement.

« Certains instruments de physique, de musique, de chirurgie sont dorés pour les préserver des altérations dues soit au contact de l'air, soit au maniement[1]. »

Au lieu d'observer l'infiniment petit minéral au moment

1. Voyez nos *Premières notions de physique.*

où il sort des combinaisons où il se trouvait engagé, on peut le dégager d'une dissolution en faisant évaporer le liquide qui le dissout. Prenons une goutte d'eau salée et projetons-la sur l'écran : l'eau s'évapore peu à peu, et, à mesure que la quantité d'eau diminue, une partie du sel se dépose. L'eau ne saurait en effet contenir une quantité indéfinie de sel. Il arrive un moment où elle en contient tout ce qu'elle en peut dissoudre; elle est alors saturée. Tout ce qu'on cherche à introduire en plus, elle ne le prend pas et le laisse se déposer. L'eau s'évapore donc peu à peu, et le sel se dépose de même, par fragments microscopiques que nous pouvons voir grâce au grandissement opéré par le microscope.

Les petits cristaux de forme cubique apparaissent bientôt isolés, en divers points du tableau où se trouve projetée la goutte d'eau. S'ils sont assez voisins, ils se rapprochent, se soudent, cèdent à l'attraction qui les porte les uns vers les autres. Ils se groupent, non au hasard, mais suivant des lois déterminées. Le groupement est régulier comme les éléments qui le composent.

Le *sel ammoniac* ou chlorhydrate d'ammoniaque va nous offrir un mode de cristallisation différent et des groupements fort curieux. Les cristaux se soudent rapidement; les fines aiguilles s'associent en formant des angles constants.

Les sels qui précèdent sont incolores; voici le *chromate de potasse*, coloré en jaune, qui nous montre des cristaux si déliés qu'on n'en distingue plus la forme. Le groupement paraît confus : on dirait une forêt épaisse ou encore les chaînes de montagnes telles qu'on les représente sur les cartes géographiques. Cette apparence est la conséquence de l'extrême petitesse des cristaux.

Le cristal.

Délicate et fragile construction, le cristal est formé par l'harmonieuse agrégation des atomes, comme les monuments à l'aide des pierres habilement taillées et convenablement disposées. Mais, tandis que les pierres de l'édifice réalisent la conception de l'architecte et sont transportées et disposées par la main des hommes, les atomes viennent d'eux-mêmes se déposer lentement et avec ordre, obéissant à une force irrésistible, comme les murs de Thèbes sous l'influence des chants d'Orphée.

On n'obtient pas seulement les cristaux par la *voie humide*, c'est-à-dire en dissolvant un corps et évaporant ensuite le liquide ; on peut encore fondre les fragments irréguliers d'un corps, du soufre par exemple, puis laisser refroidir la masse en fusion. Une croûte se forme alors à la surface ; on la brise, on fait écouler la partie du milieu restée liquide, et on voit les parois internes du vase tapissées de cristaux de soufre qui présentent l'aspect de fines aiguilles. C'est la cristallisation par *voie ignée*.

Ces cristaux que l'ont met ainsi à découvert seraient restés cachés si l'on n'avait brisé la masse. En brisant un fragment de métal, on retrouve aussi dans l'intérieur des portions cristallisées. Cette masse informe, dont la surface est rugueuse, âpre au toucher, renferme dans son sein de fines aiguilles brillantes ou de petits polyèdres à facettes miroitantes, souvent réunis d'une manière curieuse.

Ce corps dont l'écorce rude cache et abrite de brillants

cristaux, n'est-il pas l'image de ces hommes qui sous un abord froid et austère recèlent une âme délicate et sensible!

꛲꛰

Enfin certains corps, comme le camphre, traversent, pour ainsi parler, l'état liquide. Ils passent presque sans transition de l'état solide à l'état gazeux. A peine sont-ils chauffés que, de solides qu'ils étaient, ils deviennent gazeux, et ces vapeurs se déposent en cristaux. C'est la cristallisation par *sublimation*.

꛲꛰

Quelle ravissante merveille qu'un cristal! La science, l'art, la fantaisie même semblent avoir concouru à l'exécution de ce coquet édifice. Une géométrie sévère en a déterminé les angles, limité les facettes, arrêté les contours; un goût exquis a présidé au choix des formes, au mode de groupement; enfin la plus grande variété se montre dans la grandeur des angles, dans le nombre des faces, dans les modifications régulières et même irrégulières des sommets et des arêtes.

C'est l'angle qui caractérise principalement le cristal; aussi est-ce un des éléments principaux par lequel on le détermine. Des appareils spéciaux (*goniomètres*) permettent de connaître ce signe révélateur pour des cristaux même très petits. Un rayon lumineux, réfléchi d'abord sur une facette, puis sur la facette adjacente du cristal successivement présentées au rayon, fait connaître l'angle formé par les deux facettes. Cet angle est toujours le même pour un même cristal, et c'est pour cela qu'il le caractérise.

Cette simplicité et cette uniformité d'aspect n'est pas seulement manifestée par la constance de l'angle du cristal, mais encore dans l'aspect général; le *polyèdre*, — c'est ainsi qu'on

nomme un corps à plusieurs faces ou facettes, — présente
des parties symétriques; une des facettes répond à une
autre qui lui est parallèle; on n'y trouve jamais que des
angles saillants. Lorsqu'il paraît y avoir des angles rentrants,
les cristaux se sont groupés. Il est d'ailleurs assez rare de voir
le cristal naturel en entier : le plus souvent on ne voit
qu'une de ses extrémités, une de ses pointes, un de ses
angles. Il semble qu'il ait été implanté par l'autre extrémité
dans le massif qui le supporte.

Cette mutuelle attraction des cristaux élémentaires se manifeste dans diverses circonstances également curieuses. Si,
par exemple, on tronque l'un des angles d'un cristal parfait,
il se répare lui-même dans une dissolution saturée du même
corps, reconstruisant la partie détachée sans que la forme
générale soit altérée.

Si dans une dissolution le corps solide dissous est près de
cristalliser, mais que le mouvement de ses molécules soit
gêné par l'immobilité absolue du liquide, on peut provoquer
la cristallisation en laissant tomber dans le liquide un fragment du corps dissous. Ainsi, dans de l'eau contenant la plus
grande quantité possible de sucre, un très petit morceau de
sucre qu'on y laissera tomber suffira pour hâter la cristallisation.

On le voit, par la gêne qu'éprouvent les molécules à se
grouper dans certains cas, par les lois suivant lesquelles
elles se groupent, aussi bien que par la forme régulière du
cristal, il est permis de supposer que les molécules ont elles-
mêmes une forme propre et que cette forme n'influe pas moins
que le mode de groupement sur les propriétés physiques de
chaque corps.

Tout tend à prouver que les différences qu'on rencontre dans les divers corps existent déjà dans leurs plus petites parties, comme le végétal est tout entier dans la graine ou l'animal dans l'œuf.

Il est bon de se prémunir contre une erreur bien naturelle : on est tout disposé à penser que les attractions qui animent les atomes sont très faibles, parce que les corpuscules sont très petits ; mais si l'on vient à en évaluer les effets, on est frappé de leur énergie, qui est encore plus puissante que celle de la gravitation.

Rapprochons ces effets de ceux du vent, de la vapeur et de la poudre, nous sommes frappés de voir combien la quantité de matière importe peu pour la manifestation des effets les plus énergiques.

L'individualité déjà reconnue dans la molécule se retrouve encore dans le cristal tout formé. Lorsque le lapidaire taille ou use un diamant, ce n'est pas arbitrairement qu'il fait naître les facettes. Il y a des directions en quelque sorte indiquées selon lesquelles la taille est possible et aisée. Ces directions, on les trouve dans tous les cristaux, on reconnaît qu'il est plus facile de les fendre pour ainsi dire dans certains sens ; on arrive ainsi à en détacher des fragments très petits, à en diminuer la masse le moins possible pour dégager un cristal parfait. Ces faits ne montrent-ils pas une fois de plus que la forme de l'ensemble résulte de celle des détails, que le cristal est comme un édifice dont le dessin résulterait de celui des pierres dont il est construit. Tels matériaux, telle construction.

Allons plus loin : brisons le cristal, réduisons-le en poussière : dans chaque grain de cette poussière le microscope nous révèlera des miniatures de cristaux. Examinez ainsi le sel, dont à chaque instant vous vous servez, chacun des grains est un cristal comme celui que nous avons vu projeté.

Il faut cependant ajouter que cette loi présente des exceptions, que la poussière d'un cristal n'a pas toujours l'aspect cristallin, qu'elle n'est pas toujours régulière.

Le cristal est alors d'une forme moins simple, il entre dans sa construction des matériaux diversement taillés. C'est un édifice dont le dessin résulte d'un plan plus ingénieux ou plus savant.

⁂

Chaque corps brut a donc une physionomie propre, une forme qu'il revêt, mais qui n'est pas nécessaire, en ce sens qu'il peut exister en masse irrégulière. Il est vrai que l'irrégularité est dans le groupement, dans l'ensemble et non dans les détails. Le nombre des formes cristallines est donc très grand, et il semble au premier abord difficile de les distinguer et de les classer; pourtant, si variées et si nombreuses qu'elles soient, ces figures géométriques peuvent être ramenées à quelques groupes se rattachant chacun à un type particulier. La classification ne présente pas plus de difficultés ici qu'on n'en trouve dans les autres branches des sciences naturelles.

⁂

Chose curieuse, les cristaux qui présentent certaines analogies dans la forme présentent également des analogies dans leur composition. Les ressemblances extérieures sont l'indice de similitudes de constitution. La forme régulière et géométrique du cristal est donc bien une physionomie et

non pas simplement une figure, et de même que notre physionomie, nos traits convenablement interprétés peuvent fournir
d'utiles indications sur notre caractère, de même la comparaison des formes cristallines équivaut à une sorte d'analyse
chimique ou d'examen intime des corps.

Les fleurs de glace.

Nous venons de voir les cristaux élémentaires se grouper
pour former les cristaux composés. L'agglomération des invisibles et des insaisissables est devenue une masse visible et
tangible. Produisons maintenant le phénomène inverse : dé-
truisons l'édifice, démolissons la construction, avec précau-
tion toutefois, et de manière à ne pas endommager la charpente et à la retrouver intacte dans les ruines.

La construction que nous allons détruire est un fragment
d'eau congelée, un morceau de glace. C'est à l'intérieur
de cette masse compacte qu'il nous faut pénétrer sans briser
la fragile charpente sur laquelle elle est édifiée. Quel est l'instrument tout à la fois assez tranchant et assez délié pour
dégager et mettre à nu, sans les rompre, les constructions délicates de l'intérieur du fragment? Cet instrument, c'est le
faisceau de rayons calorifiques émanés du foyer électrique.
Seul l'ardent faisceau a l'énergie et la souplesse nécessaires ;
seul il peut s'insinuer dans le bloc de glace sans le broyer,
et détruire lentement et méthodiquement ce que l'attraction
avait lentement et méthodiquement édifié.

Dirigeons le jet de lumière et de chaleur électrique sur le
morceau de glace : aussitôt l'eau ruisselle extérieurement, la
glace fond, et les fleurs de glace apparaissent, fleurs cristallines à six pétales plus ou moins festonnés. On reconnaît en
elles les étoiles de neige, sauf cependant le noyau central, qui

n'existe pas dans ces dernières, plus nettes et plus régulières que leurs congénères. C'est qu'en effet, dans les étoiles de

FLEURS DE GLACE.

neige, les cristaux élémentaires se sont groupés après avoir été formés ; ils n'ont donc laissé entre eux aucun vide, tandis que lorsque l'eau s'est congelée, elle a occupé un espace plus

grand : un litre d'eau liquide donne plus d'un litre d'eau solide ; c'est pourquoi, disons-le en passant, la glace est plus
légère que l'eau. Par contre, en fondant, la glace doit laisser
des espaces vides. Telle est l'origine de la partie centrale des
étoiles de glace, de cette sorte de noyau qui contribue avec
les découpures des bords à leur donner l'apparence de fleurs.

Les fleurs de glace, pas plus que les étoiles de neige, ne sont
très petites ; à l'aide d'une loupe on peut les distinguer,

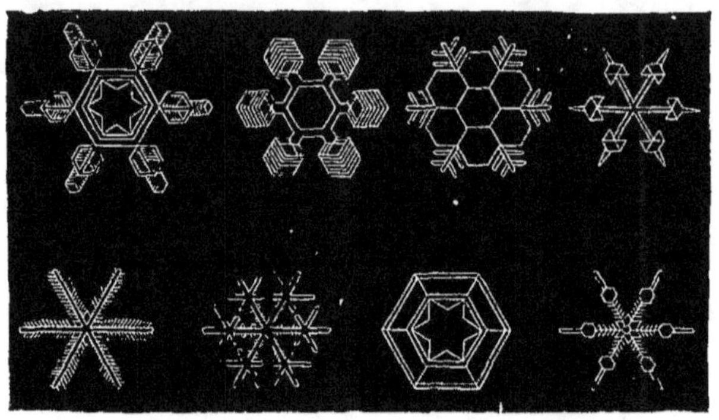

FORMES DES ÉTOILES DE NEIGE

comme on peut voir également les arborescences cristallines
que le froid fait naître sur les vitres, en hiver, lorsque la
vapeur d'eau contenue dans l'air, saisie par la basse température du verre, se transforme en cristaux.

Dans les lacs ou dans les cours d'eau, où les aiguilles de
glace s'enchevêtrent, l'eau congelée est sous forme de glace.
Au contraire, dans l'atmosphère, où elle est divisée en gouttes
qui cristallisent séparément, c'est de la neige qui se forme.

« Chaque goutelette d'eau microscopique donne naissance
en se congelant à un cristal infime, colonnette prismatique
terminée en pointe à ses extrémités. Ces cristaux élémentaires
ne restent pas isolés : à peine sont-il formés qu'ils se précipitent
les uns vers les autres et forment des groupes étoilés. Tantôt

six cristaux se réunissent autour d'un centre commun ; c'est
l'étoile la plus simple. Tantôt les associations sont plus nombreuses : sur les branches d'une première étoile se disposent
régulièrement des cristaux plus petits ; sur ces derniers d'autres plus petits encore. Ainsi l'étoile se complique de plus
en plus : elle porte des branches, des rameaux, des ramus-
cules, dont les modes de groupement sont invariablement
soumis à la même loi.

« Dans ces groupements divers, les angles que forment les
cristaux en se groupant sont de 30, 60 ou 120 degrés. La forme
même des cristaux en est la cause ; dans l'étoile à six rayons,
les rayons sont égaux et les angles aussi. Environ une centaine de formes ont été observées, surtout par le navigateur
anglais Scoresby dans ses voyages aux mers polaires. Quelle
que soit la diversité d'aspect, la variété de formes de ces
constructions, elles ne diffèrent que par le nombre et la grosseur des cristaux élémentaires qui se trouvent associés[1]. »

1. Voy. nos *Premières notions de physique.*

ROLE DES INFINIMENT PETITS

ROLE DES INFINIMENT PETITS

Nous sommes maintenant en mesure de comprendre l'importance des infiniment petits. Ils ne semblaient pas, au début de notre étude, devoir occuper la place qu'ils ont pour ainsi dire conquise à mesure que nous les avons mieux connus. Chaque révélation nouvelle du microscope, en étendant le champ de nos investigations, a du même coup donné plus de valeur à l'infiniment petit. Le nombre des grands animaux n'est pas incalculable; il ne serait pas impossible de connaître à un moment donné ce qu'il y a d'hommes, de chevaux et de moutons dans le monde. On n'ignore pas que les animaux féroces : lions, ours, etc., disparaîtront un jour de la surface du globe, grâce à la poursuite systématique dont ils sont l'objet; mais on ne saurait prétendre de compter le nombre des infiniment petits. D'eux seuls on peut dire : aussi nombreux que les étoiles du ciel, aussi nombreux que les grains de sable du rivage des mers. Il n'y a de comparable à l'infinie petitesse de leurs dimensions que l'infinie grandeur de leur nombre. On les trouve disséminés partout, sur la terre, dans les eaux et dans l'air, sous toutes les latitudes, à toutes les hauteurs, dans le ruisseau qui court au fond du ravin et dans les neiges qui couronnent les cimes alpestres. L'accès d'aucun point du globe ne leur est interdit. Non seulement ils peuplent l'espace libre, inoccupé, mais ils vivent en parasites sur les êtres vivants. Ils sont hors de nous et en nous. Dans l'eau que nous buvons, dans l'air que nous respirons, ils pullulent et s’insinuent par ces véhicules dans notre corps, qu’ils habitent et rongent à leur aise. On les rencontre sur les dents les plus blanches, dans les poumons les plus sains, sur la peau la plus fine et la plus nette; partout ils se donnent droit de cité.

Certaines espèces animales peuvent être détruites, les infiniment petits sont éternels comme le monde. Chassés sur un point, ils reparaissent sur un autre. Chaque portion du globe, si petite qu’elle soit, n’est-elle pas pour eux l’équivalent des grands continents? N’ont-ils pas d’ailleurs des moyens divers et également efficaces de croître et de multiplier? Ils défient le feu et la glace : on les rencontre dans les nuées de poussières volcaniques aussi bien que sur les glaciers. Par leur petitesse même ils échappent aux causes de destruction qui tuent les autres animaux, car ils sont difficiles à saisir; il y faut des précautions infinies, sinon des ruses, des piéges, comme s’il s’agissait d’une chasse aux grands animaux. Aussi certains observateurs, qui croyaient les avoir détruits, ont-ils contribué par leurs expériences à entretenir l’erreur de la génération spontanée. En réalité, ils vivent, naissent et meurent comme tous les êtres vivants; or, quel que soit le mode de génération, œuf ou bouture, un être ne naît que de ses parents. Ce monde des infiniment petits n’est point un monde à part soumis à des lois spéciales, mais simplement la continuation du monde que nous connaissons. Les mêmes lois gouvernent tous les êtres, moyens, grands et petits, ceux qu’on voit à l’œil nu comme ceux qui ne sont visibles qu’à l’aide des instruments.

Nous sommes si enclins à mesurer l’importance des êtres à leur grosseur, qu’il nous a semblé au premier abord que tout

dût être uniforme chez les animaux microscopiques. Nous ne
sommes pas demeurés longtemps dans cette erreur. A mesure
que nous les avons étudiés avec plus de soin, nous nous
sommes assurés que, si petits qu'ils soient, il y a des degrés
dans leur petitesse, autant et peut-être plus qu'on n'en trouve
chez les animaux plus grands. La petitesse est d'ailleurs chose
variable en même temps que relative : ce qui était petit avant
le microscope est monstrueux aujourd'hui ; le microscope
a fait ce miracle. Les perfectionnements apportés à cet instrument, en nous permettant de nous livrer à un examen
plus minutieux et plus approfondi des choses de la nature,
a contribué à donner au globe une étendue virtuellement
proportionnelle au nombre et à la variété de ses habitants.
Sous cet œil tout à la fois puissant, investigateur, pénétrant
et en quelque sorte fécond, le monde se peuple comme par
un effet de magie. Sans le microscope nous voyons un
monde, avec le microscope nous en voyons deux. Les physiciens ont beau accroître la puissance de cet instrument et
permettre ainsi aux naturalistes d'aller plus avant dans l'examen des infiniment petits, d'animalcules en animalcules plus
petits, de ceux-ci en d'autres plus petits encore, rien ne paraît devoir limiter la puissance créatrice, et lorsque notre
œil a cessé de voir, notre esprit voit encore et soupçonne des
êtres qui, invisibles aujourd'hui, seront visibles demain.

⊱⊰

Si différents qu'ils soient par les dimensions, les êtres microscopiques ne le sont pas moins par la forme, par l'organisation, par les habitudes et les mœurs, si l'on ose parler ainsi.
Comme nous l'avons dit, le monde invisible est la continuation du monde visible ; il n'est ni moins varié, ni moins curieux, et il est peut-être plus puissant, ainsi qu'on va le voir.
Les sondages opérés dans le fond des océans, ainsi que

l'examen de diverses roches et particulièrement de la craie, nous ont révélé le mode de formation de certaines couches terrestres. Des débris de toute nature appartenant aux plus petits êtres de la création ont contribué pour la plus large part à l'édification de la croûte terrestre et contribuent encore à édifier les continents de l'avenir. Sur des étendues de plusieurs centaines de lieues et sur une épaisseur de cent, deux cents et trois cents mètres, notre sol est formé de corpuscules d'origine animale ou végétale cent mille fois plus petits qu'une tête d'épingle. Des montagnes élevées, des portions considérables de la chaîne des Cordillères ont été ainsi formées par la lente accumulation à travers les siècles des débris de ces infiniment petits.

⚥

Aux plus humbles échoit la plus grosse besogne. Tandis que le feu souterrain lance ses formidables bouffées par la bouche des volcans et agite la croûte terrestre à peine consolidée, les infiniment petits préparent, dans le silence et le calme des profondeurs de la mer, de solides assises sur lesquelles nous édifierons nos habitations, dont ils nous auront fourni les matériaux.

Lorsqu'on jette les yeux sur la carte et qu'on voit la masse des eaux parsemée de quelques rares et vastes îles, on se prend à croire que les navires sillonnent sans difficulté la surface des océans et n'ont à craindre que la tempête. La mer apparaît comme un vaste lac dont les eaux calmes et profondes ne sont soulevées que par les vents. Mais à mesure qu'on examine des cartes de plus en plus développées, un grand nombre d'îles imperceptibles sur les premières semblent surgir du fond des eaux. La mer se peuple de nombreuses terres ; une multitude d'archipels invisibles se montrent tout à coup. Le navigateur seul connaît ces nombreuses îles qu'il a plus d'une fois rencontrées, seul il sait que la

marche de son navire est souvent ralentie, quelquefois arrêtée
par les écueils semés sur sa route. Ces bas-fonds et ces récifs
sont-ils les sommets des ondulations du sol sous-marin?
Non, ce sont des cités élevées par des animalcules. Ce sont

des polypiers : polypiers du corail, polypiers de madrépores.
Ceux du corail, couverts d'animaux épanouis, semblables à
des fleurs animées, rassemblés en masses, font l'effet d'un
parterre fleuri, visible à travers les eaux limpides et transpa-
rentes. A l'entrée du golfe du Mexique et au nord se trouve la
presqu'île de Floride, terre basse, interrompue par de nombreux marécages et conquise sur la mer comme la Hollande.
Les collines ou plutôt les ondulations du terrain sont formées
par un sable calcaire formé de débris de polypiers rongés,
abattus, broyés par les vagues; cette poussière de polypiers
est chassée par le vent et constitue des dunes.

Au sud de la presqu'île, dans le détroit de la Floride, une

multitude d'îles ou de récifs semblent barrer le passage aux navigateurs, et dans tous les cas rendent la navigation de ces parages non seulement pénible, mais dangereuse. Ces écueils sont des bancs de coraux. Les myriades d'animaux fleuris qui les couvrent travaillent incessamment à la formation du polypier, ils élaborent le carbonate de chaux qu'ils déposent. Chaque génération vit sur la base pierreuse préparée par la génération précédente et y ajoute de nouveaux dépôts. Ainsi se succèdent comme les assises de pierres d'une construction, mais des assises non distinctes, les dépôts calcaires formés par les générations successives de coraux. On a évalué l'accroissement en hauteur à vingt-cinq centimètres environ par siècle, élévation prodigieuse, si l'on considère que les bâtisseurs sont des êtres microscopiques.

On peut prévoir le moment où ces récifs affleuront à la surface de la mer; c'est en même temps le terme de leur développement, car les coraux ne vivent pas hors de l'eau. Ils ne vivent pas non plus à de grandes profondeurs; cinquante mètres environ marquent la limite des régions qu'ils occupent. Toutes ces populations vivent dans une couche d'eau de cinquante mètres d'épaisseur à partir de la surface. Encore ne les trouve-t-on pas partout, car il leur faut une température convenable, 20 degrés environ. Partout où la température des eaux est inférieure, les madrépores, les coraux, en un mot les zoophytes à polypiers, ne sauraient vivre. Même ils fuient les mers équatoriales qu'un courant froid traverse et rafraîchit. Ils indiquent pour ainsi dire par leur présence la limite inférieure de la température du milieu qu'ils habitent. Et pourtant, malgré ces limites apportées aux conditions de leur existence, ils trouvent à occuper des espaces considérables : on les voit sur une grande partie du littoral de la mer Rouge, de la mer des Indes et de l'océan Pacifique; tous les bas-fonds en sont revêtus. Au sud de la Nouvelle-Guinée, en Australie, leur multiplicité est telle, qu'il semble que cette

ATULL.

région soit plus particulièrement leur patrie ; aussi porte-
t-elle le nom de mer de Corail.

Dans les mers du Sud, près des côtes, sont répandues des
îles nombreuses, et non loin de ces archipels des remparts
élevés par les coraux semblent les protéger et en défendre l'approche. Loin des côtes, au contraire, dans la pleine mer, ces
mêmes barrières de coraux et de madrépores sont disposées
en ligne courbe plus ou moins fermée et d'une étendue variable ; cette courbe se continue et se complète par une suite
d'îlots comparables aux perles d'un collier. C'est ce qu'on
nomme des *atolls*. Les oscillations lentes de la croûte terrestre
combinées avec l'ascension permanente des polypiers expliquent cette forme singulière, disent les uns ; ce sont les pour-
tours d'anciens cratères avec leurs couronnes de madréporés,
disent les autres. Les uns et les autres ont raison sans doute.

Quoi qu'il en soit de ces hypothèses diverses, ces îles formées
d'un lac peu profond entouré d'une ceinture rocheuse seront
bientôt transformées en de véritables îles couvertes d'une magnifique végétation. Des débris de toute nature portés par
les vents, des épaves rejetées par les vagues, tel est la modeste origine de ces îles. Puis quelques graines de végétaux
sobres, dont les racines demandent peu au sol et qui puisent
la plus grande partie de leur nourriture dans l'atmosphère,
sont les premiers occupants ; ils préparent par leurs débris
un sol moins ingrat pour des végétaux plus exigeants. Ainsi
l'atoll aride se transforme progressivement en une île ver-
doyante, abondamment pourvue de plantes et habitable pour
les animaux et pour l'homme.

L'origine de toutes ces îles, de ces terres, de ces bas-fonds
transformés en terres habitables et par la suite en continents
est l'œuvre des infiniment petits, qu'on a justement surnom-
més des faiseurs de mondes (Michelet).

Ce sont encore des infiniment petits qui détruisent les arbres les plus puissants, les animaux les plus terribles. Ces co-

losses de nos forêts à la ramure robuste qui couvrent le sol de leur ombre épaisse et dont l'ouragan n'agite que les plus faibles rameaux, se trouvent atteints par l'animalcule insaisissable. Celui qui défiait la tempête meurt frappé par l'invisible

꘎

Les châtaigniers sont malades, la récolte des châtaignes est perdue, de nombreuses populations pauvres voient diminuer leurs maigres ressources et augmenter leurs souffrances. C'est un champignon microscopique qui est cause de tout le mal; c'est encore un infiniment petit.

꘎

Nos vignes portaient des grappes pleines et nombreuses, la vendange semblait s'annoncer sous d'heureux auspices; mais les grains s'arrêtent dans leur développement, ils ne grossissent plus, ne se gonflent pas de sucs, et bientôt la grappe meurt et notre espoir est déçu. C'est l'oïdium, un être microscopique, un infiniment petit, qui cause la disette de vin.

L'oïdium ne s'attaquait qu'à la grappe, le phylloxéra semble vouloir tout extirper; il ne touche pas seulement au fruit, il attaque la plante entière. Avec l'oïdium c'était la disette pour une année, c'était une récolte manquée : avec le phylloxéra tout est perdu. Voilà la terre nue, dévastée, aride. La source de richesses considérables est subitement tarie, les générations de vignobles disparaissent comme les populations décimées par le choléra. Il faudra repeupler la terre et attendre que les nouvelles générations puissent donner des fruits.

꘎

L'arbre et le fruit ont leurs ennemis propres; ils succom-

bent sous les attaques de meurtriers différents également petits. Mais même lorsque la grappe a mûri, que la vendange
est faite, que le fruit pressé a donné le vin, l'infiniment petit
n'abandonne pas une si riche proie, et le vin à son tour est
sujet à des maladies. Chaque altération du vin est produite
par un ferment que le microscope permet de voir; autant de
maladies distinctes, autant de microphytes. Que de campagnes ravagées, que de richesses perdues en un temps très
court, et par les petits, les faibles, les chétifs, les invisibles !

⚜

Une autre source de richesses se trouve également tarie
par des êtres microscopiques : l'insecte qui nous fournit la
soie est frappé dans ses œufs, dans sa larve, dans sa chrysalide,
en un mot à chaque phase de son développement. Causes ou
conséquences de la maladie, des corpuscules qui ne sont ni
animaux ni végétaux se développent sur l'animal dans ses
diverses métamorphoses. Dans l'intestin même des vers malades on trouve des vibrions, des monades, des bactérions et
surtout des ferments en chapelets, longue file de grains dont le
diamètre est d'environ un millième de millimètre (Pasteur).

⚜

Nous ne sommes pas nous-mêmes à l'abri de leurs coups :
la gouttelette d'eau provenant de la vapeur recueillie au bord
des marais ne nous a-t-elle pas montré les microphytes et les
microzoaires qui provoquent ou accompagnent les fièvres?
Dans le sang des animaux atteints du charbon n'a-t-on pas vu
les bactéridies qui jouent un rôle capital dans la transmission
de la maladie?

Le charbon est la maladie de la bactéridie, comme la trichinose est la maladie de la trichine, comme la gale est la maladie d'un acarus. Autant d'infiniment petits qui nous assié-

gent et triomphent trop souvent hélas! dans les assauts qu'ils nous livrent.

▷◁

La maladie nommée choléra des poules reconnaît également ment pour cause un infiniment petit. Qui sait si le choléra qui décime les populations humaines n'est pas également provoqué par un animalcule? Ne prend-il pas naissance sur les bords de certains fleuves dont le limon, en quelque sorte fécondé par un soleil ardent, est l'asile de myriades d'animalcules? Les déjections des cholériques ne sont-elles pas à leur tour le véhicule de ces sortes de ferments. On est tout naturellement porté à le croire après ce qui précède.

Ce mal qui répand la terreur.
Mal que le ciel en sa fureur
Inventa pour punir les crimes de la terre,
La peste, puisqu'il faut l'appeler par son nom...

qui porte la mort dans les rangs de l'humanité, a jusqu'à présent, comme le choléra, défié l'observation la plus minutieuse et la plus attentive. Le chimiste est à bout d'analyse, le naturaliste interroge vainement, à l'aide du microscope, les liquides du corps humain; la cause du mal nous échappe encore, mais nous présumons sans témérité que les microphytes et les microzoaires ne sont pas sans exercer une influence funeste.

▷◁

Partout où se produit un trouble dans le fonctionnement de la vie, partout où végétaux et animaux sont subitement et violemment frappés, un infiniment petit est là. Nous l'avons vu à l'œuvre pour construire comme pour détruire, pour édifier les continents, pour modifier la nature du sol. Ces êtres en apparence inoffensifs, sans dimension, sans force, sans armes, élèvent atome par atome de solides murailles dont le pic et la poudre ne triomphent pas aisément. C'est le résultat de la persévérance et de la continuité : l'infiniment petit est toujours à la tâche, du matin au soir, du soir au matin; c'est là qu'est le secret de sa puissance : travailleur infatigable, dédaigneux du repos, il poursuit son œuvre de chaque instant pendant toute la durée de sa vie et ne se repose que dans la mort.

Pendant que les forces volcaniques agitent violemment et soudainement l'écorce terrestre sur des points isolés, l'infiniment petit accomplit paisiblement et continuement son travail sur la plus grande partie de la surface du globe. Atome animal, il élabore des atomes minéraux qui entrent aussitôt dans la composition du sol. — Les phénomènes volcaniques sont brusques, violents, locaux, irréguliers ; le travail des infiniment petits est au contraire lent, calme, continu, général et uniforme. — Les premiers ont un caractère de dévastation; l'autre est d'une nature réparatrice, reconstituante. — En réalité tous les phénomènes dont la terre est le théâtre appartiennent au même titre à la vie de notre planète; tous contribuent à son développement après avoir préludé à sa formation La réaction des forces intérieures contre l'enveloppe solide, les oscillations du sol qui en résultent, sont des manifestations de la vie des planètes au même titre que les mouvements de la mer et de l'atmosphère et les phénomènes qui en sont les conséquences, au même titre encore que les manifestations de la vie et les travaux des infiniment petits.

FIN

TABLE DES MATIÈRES

BOURLOTON. — Imprimeries réunies, B, rue Mignon, 2.